PETER MAFFAY
Hier und Jetzt

Titel auch als Hörbuch erhältlich

Über die Autoren:

Peter Maffay ist einer der erfolgreichsten Musiker Deutschlands und begeistert seit mehr als 50 Jahren Millionen von Fans. Doch noch wichtiger als die Musik sind für ihn benachteiligte und traumatisierte Kinder. Die Peter Maffay Stiftung unterhält Ferienhäuser, in denen jedes Jahr über 2000 Kinder, die ein schweres Schicksal tragen, zu einer Auszeit vom Alltag eingeladen sind. In seinem Buch erzählt er sehr persönlich von Gut Dietlhofen und seinem Lebenskonzept, in dem Menschen und Tiere ihren Platz haben und die Natur den Rahmen dafür bildet.

Gaby Allendorf studierte Geschichte und Germanistik, bevor sie nach einem Zeitungsvolontariat und verschiedenen journalistischen Stationen ihre Agentur für Künstlermanagement und Medienberatung gründete. Sie ist für die Presse- und Öffentlichkeitsarbeit von Peter Maffay zuständig.

PETER MAFFAY

mit Gaby Allendorf

HIER
UND
JETZT

Heute die Welt von
morgen gestalten

lübbe

Dieser Titel ist auch als Hörbuch und E-Book erschienen

Bildnachweise für den Tafelteil
Peter Maffay Stiftung: 2, 6, 11, 12, 17, 22, 26
Wolfgang Köhler, Hamburg: 1, 3–5, 7, 8, 10, 13–15, 18, 19, 21, 27–30
Guido Frebel: 9
Red Rooster Musikproduktion: 16, 20, 23–25

Vollständige und überarbeitete Taschenbuchausgabe
der bei Bastei Lübbe erschienenen Hardcoverausgabe

Textredaktion: Dr. Matthias Auer, Bodman-Ludwigshafen
Titelmotiv: © Zephyr18/Getty Images; Guter Punkt, München;
ekkawit998/Getty Images
Umschlaggestaltung: Guter Punkt, München
Satz: two-up, Düsseldorf
Gesetzt aus der Dolly
Druck und Verarbeitung: GGP Media GmbH, Pößneck
Printed in Germany
ISBN 978-3-404-61719-7

1   3   5   4   2

Sie finden uns im Internet unter luebbe. de
Bitte beachten Sie auch: lesejury. de

INHALT

VORWORT

▸ **»JEDE ZEIT** hat ihre Herausforderungen und Chancen.«
Mit diesem Satz begann das Vorwort zur Hardcover-Ausgabe dieses Buches, das im Januar 2020 erschien. Etwas mehr als ein Jahr später kommt nun das Taschenbuch auf den Markt. In »normalen« Zeiten verändern sich die Gegebenheiten binnen eines Jahres kaum. Die vergangenen zwölf Monate waren aber voll von außergewöhnlichen Ereignissen und Herausforderungen. Eine noch nie dagewesene Berg- und Talfahrt, ein Wechsel von Ups and Downs. Und auch 2021 ist weit von dem entfernt, was wir unter Normalität verstehen.

Das, was wir in den vergangenen Monaten erlebt haben, hätten wir zuvor für ein Science-Fiction-Szenario gehalten. Eine Vollbremsung von hundert auf null. Mehr Veränderung auf einmal geht nicht! Solange wir Einfluss auf das haben, was in unserem Leben geschieht, solange wir alles im Griff haben, fühlen wir uns gut und sicher. Wenn uns aber die Kontrolle über unser Leben aus den Händen gerissen wird, reagieren wir mit Angst und Unsicherheit.

Im März 2020 war der kollektive Zustand plötzlich Ohnmacht. Wir waren verurteilt zum Nichtstun, zum Warten. Das war ein harter Einschnitt und für viele Menschen die Höchststrafe, insbesondere für diejenigen, die auch noch mit einem Berufs- bzw. Gewerbeverbot belegt wurden, also beispielsweise Gastronomen, Friseure, Einzelhändler und eben auch Künstler. Unser Jubiläumsjahr, das so harmonisch und voller Enthusiasmus begonnen hatte, der Auftakt zu der großen Konzerttour, all das hat eine dramatische Wende genommen, mit existenzbedrohlichen Folgen für viele Kolleginnen und Kollegen, die hinter den Kulissen tätig sind.

Die Corona-Pandemie hat allen Menschen rund um den Erdball einen Berg von Problemen aufgebürdet: medizinische, wirtschaftliche, soziale und gesellschaftliche. Das Virus ist in einem atemberaubenden Tempo kreuz und quer durch die Welt getragen worden und hat uns eindrücklich vor Augen geführt, was Globalisierung ganz konkret bedeutet, nämlich, dass es keine Grenzen mehr gibt, dass alles mit allem zusammenhängt: soziale Sicherheit, Gesundheit, Wohlstand, Freiheit, Glück und die Verantwortung der Menschen füreinander.

Zugleich ist klar geworden, wie fragil unser Lebensmodell ist. Wer hätte gedacht, dass uns in unserem jetzigen Staatssystem jemand verbieten würde, nachts auf die Straße zu gehen? Wer hätte geglaubt, dass alles, was als »nicht systemrelevant« eingestuft wird, von jetzt auf gleich untersagt ist: Partys, Konzerte, Festivals, Stadtfeste, Weihnachtsmärkte, das Vereinsleben, Restaurantbesuche – alles weg. Viele Existenzen wurden vernichtet.

Wir wissen inzwischen: Das Virus macht nicht nur krank. Teile der Gesellschaft werden verarmen.

Es ist die junge Generation, die von den wirtschaftlichen Folgen besonders hart betroffen ist. Der Schuldenberg, den wir aufgetürmt haben, ist gigantisch. Aber nicht nur der finanzielle Gau sollte uns beunruhigen, sondern auch die Bildungsdefizite bei unseren Kindern, die sich durch monatelanges Homeschooling ergeben, und die Not der Schulabgänger, die keine Lehrstellen finden, weil manche Arbeitgeber mit einer unsicheren Perspektive keine neuen Jobs schaffen.

Viele Menschen sorgen sich um unsere Demokratie. Ich auch, denn weitreichende Entscheidungen wurden ohne Hinzuziehung des Parlaments und ohne öffentliche Debatte getroffen. Die Bedürfnisse und legitimen Interessen einiger Bevölkerungs- und Berufsgruppen wurden weitgehend ausgeblendet, ihre Vertreter nicht hinreichend gehört.

Demokratie lebt aber vom Diskurs. Warum entwickeln sich totalitäre Staaten viel langsamer als freie Gesellschaften? Weil sie keine Kritik und keine abweichenden Standpunkte dulden, kaum ergebnisoffene Forschung ermöglichen und die freie Lehre unterbinden. Weil Diskussionen im Keim erstickt werden. Wer hingegen ernsthaft an der besten Lösung für alle interessiert ist, ist offen für unterschiedliche Standpunkte, hört zu und verteufelt nicht von vornherein die Sicht des anderen. Ein Grundgedanke der Demokratie ist der Pluralismus. Das Wort bedeutet Vielfalt und besagt, dass alle Menschen und alle gesellschaftliche Gruppen in ihrer Unterschiedlichkeit akzeptiert werden. Es bedeutet auch, dass der Wettbewerb unterschiedlicher Ideen und Standpunkte wichtig und wünschenswert ist.

In dieser Hinsicht haben einige der Verantwortlichen in Politik und Gesellschaft während der Corona-Pandemie zuweilen versagt. Für Bestnoten reicht ihre Performance nicht aus. Deshalb sind wir als Bürger mehr denn je angehalten, unsere demokratischen, im Grundgesetz verbrieften Rechte vor schleichender Erosion zu schützen, indem wir Fragen stellen, Zweifel anmelden und Kritik üben.

Beim ersten Lockdown haben wir gehofft, dass die Krise dauerhaft zu einem neuen »Wir-Gefühl« und mehr gesellschaftlichem Zusammenhalt führt. Inzwischen müssen wir uns eingestehen, dass unser Miteinander wieder deutlich distanzierter und kühler geworden ist. Die Angst, die uns anfangs zusammengeschweißt hat, schlägt immer mehr in Wut um. Die Gräben in unserer Gesellschaft sind tiefer geworden, die Kluft zwischen Arm und Reich größer. Was sich momentan ereignet, ist elementar. Die Welt scheint so zerbrechlich zu sein wie seit vielen Jahrzehnten nicht mehr.

Ich glaube, dass wir an einer Weggabelung stehen und eine Entscheidung treffen müssen. Wir müssen uns darüber klar werden, wie wir in Zukunft miteinander leben wollen, in Deutschland, in Europa und auf dem ganzen Erdball. Dieses Miteinander schließt ausdrücklich alles ein, was lebt und atmet, also auch die Pflanzen und die Tiere.

Ich wünsche mir für die ökologische Krise genauso viel Aufmerksamkeit, Engagement und weltweite Kooperation wie für die Bekämpfung der Corona-Pandemie. Denn die Umweltzerstörung nimmt ein kaum vorstellbares Ausmaß an. Die Ausbeutung der Natur und der Klimawandel werden das Gesicht unserer Erde unwiderruflich verändern, wenn wir nicht endlich in einer kollektiven Anstrengung das Ruder herumreißen. Während des Lockdowns hat die Natur uns gezeigt, dass sie im Stande ist, sich selbst ein Stück weit zu regenerieren, sobald wir sie in Ruhe lassen. Das zeigt doch, dass es noch Möglichkeiten gibt, Fehlentwicklungen zu stoppen und die Dinge zum Guten zu wenden.

Immer, wenn im gesellschaftlichen und politischen Leben Differenzen oder Defizite gravierender Art auftreten, ist es wichtig, dass es Menschen gibt, die die Funktion von Vorbildern oder »Leuchttürmen« übernehmen. Es wird nur etwas passieren, wenn Aufklärungsarbeit geleistet wird und genügend Personen da sind, die den Mut haben, die Dinge beim Namen zu nennen. Künstler und Künstlerinnen, egal, ob Maler, Bildhauer, Schriftsteller oder Schauspieler, aber auch Journalistinnen und Journalisten sowie alle, die die Möglichkeit haben, Informationen und Standpunkte zu multiplizieren, sind aufgefordert, sich zu positionieren. Musiker bilden da keine Ausnahme. Zwischen zwei Liedern kann man etwas erzählen, und auch in den Liedern kann man natürlich seine Haltung »rüberbringen«. Jeder kleine Baustein ergänzt das Mosaik, bis am Ende aus allen Bausteinen ein Bild entsteht.

Der Vorteil von Liedern liegt darin, dass man gezwungen ist, mit wenigen Worten auf den Punkt zu kommen, der Nachteil, dass man nicht jeden Gedanken und jedes Argument unterbringen kann, um ein Thema von allen Seiten zu beleuchten. Dafür ist ein Song nicht unbedingt das richtige Medium. Für eine umfassende Betrachtung eignen sich Reden, Diskussionen und Bücher meistens weitaus besser. Ich bin nicht der große Redner, und auch in Talkshows fühle ich mich eher fehl am Platz. Da fallen sich die Diskutanten oft gegenseitig ins Wort, hören nicht richtig zu und spulen häufig vorgefertigte Statements ab.

Es bleibt also das geschriebene Wort. Wenn es für mich einen richtigen Zeitpunkt dafür gibt, dann jetzt, und dabei geht es nicht darum, die Rolle eines Experten einzunehmen. Das wäre vermessen. Alles, was ich machen kann, ist, von meinen Erfahrungen, Erkenntnissen und Einsichten, aber auch von meinen Irrwegen und Fehlern zu erzählen und meine heutige Sicht zu schildern:

▶ meine Sicht darauf, wie wir miteinander umgehen sollten,
▶ meine Sicht auf den Natur-, Umwelt- und Klimaschutz,
▶ meine Sicht auf den Umgang mit Tieren,
▶ meine Sicht auf Fragen des Glaubens und der Religion,
▶ meine Sicht auf die Zukunftschancen unserer Kinder,
▶ meine Sicht auf das, was unser Leben sinnvoll macht und erfüllt.

Ich habe gute Gründe, mir Gedanken über die Perspektive kommender Generationen zu machen, denn wir haben eine kleine Tochter und einen 17-jährigen Sohn. Nichts ist mir wichtiger, als Anouk und Yaris in eine sichere, lebenswerte Zukunft zu entlassen, so wie alle Mütter und Väter auf der ganzen Welt es sich für ihre Kinder wünschen. Aber uns rennt die Zeit davon. Wir müssen etwas tun, uns zusammenschließen, Mehrheiten bilden und auf künftige Entwicklungen positiv einwirken. Wir dürfen nach Corona nicht zurück zur Ellbogengesellschaft, der Kampf »Jeder gegen jeden« muss aufhören. Wir haben jetzt die Chance für eine neue Sichtweise. Das ist die gute Seite an unserer gesellschaftlichen Situation.

In meinem eigenen Leben habe ich mich bemüht, mich meinen Idealen anzunähern und ein Umfeld zu schaffen, in dem ich meine Vorstellung von einem sinnvollen, erfüllten Leben umsetzen kann, zusammen mit den Menschen, die mir wichtig sind: Das sind meine Familie und meine Freunde, die Musiker in meiner Band, mein Team im Büro, in der Stiftung und im Musikstudio sowie die vielen Partner und Wegbegleiter, die unsere Werte und Visionen teilen.

Seit ein paar Jahren gibt es einen Ort, an dem sich unsere Ideen und Vorstellungen manifestieren: das Gut Dietlhofen bei Weilheim in Oberbayern, eine kleine, intakte Welt, eingebettet in eine wunderschöne Landschaft. Dorthin würde ich Sie, liebe Leserinnen und Leser, gern einladen.

Sie werden in diesem Buch oft das Wort »wir« statt »ich« lesen, wenn es um Musik oder die Peter Maffay Stiftung geht. Dafür gibt es zwei Gründe: Erstens wäre ich ohne dieses Wir, also ohne die Menschen um mich herum, weder imstande, Musik aufzunehmen oder Konzerte zu geben, noch die gemeinnützige Arbeit in der Stiftung für traumatisierte, kranke oder anderweitig hilfebedürftige Kinder zu leisten. Alles, was wir tun und in den vergangenen 50 Jahren getan haben, ist ein Gemeinschaftswerk und nicht das Werk eines Einzelnen. Zweitens ist »wir« für mich auch ein Statement.

Aus meiner Sicht sind Gemeinschaft und Zusammenhalt in unserer Zeit wichtiger denn je. Das Gemeinwohl muss an erster Stelle stehen und nicht der Eigennutz. Eine Gesellschaft, in der nur das »Ich« zählt, kann auf Dauer nicht funktionieren. Wir wissen nicht, wie die Welt von Morgen aussieht und ob es uns gelingt, unseren geschundenen und missbrauchten Planeten noch zu retten. Wir wissen aber sehr wohl, dass die Herausforderung elementar ist und nur gemeinsam bewältigt werden kann.

Wir brauchen neue Ideen und neue Lösungen, aber auch die Rückbesinnung auf grundlegende Werte. Es ist Zeit für die Vernetzung von Menschen, die unabhängig denken und handeln und dabei ein echtes, ehrliches, unvoreingenommenes Interesse an der Position des anderen mitbringen sowie die Bereitschaft, über dessen Argumente nachzudenken.

Vielleicht kann der eine oder andere Gedanke aus diesem Buch als Anregung oder Inspiration dienen. Oder meine Sicht auf die Dinge ruft Widerspruch hervor. Auch gut! Das gehört zu einer lebendigen, offenen Gesellschaft dazu.

Wichtig ist, dass wir uns alle mit den drängenden Fragen unserer Zeit auseinandersetzen und uns positionieren. Jede Zeit hat ihre Herausforderungen und Chancen. Auch diese. Nutzen wir sie! Wenn wir wollen, dass etwas passiert, müssen wir handeln, hier und jetzt!

Gut Dietlhofen im Januar 2021
Peter Maffay

ICH WÄR SO GERN EIN LANDWIRT

Von Kanada über Spanien nach Dietlhofen

▶ **DER »PFAFFENWINKEL«** ist ein sehr reizvoller Landstrich im oberbayerischen Alpenvorland zwischen Ammersee und Starnberger See. Er verdankt seinen Namen der Tatsache, dass es hier sehr viele Klöster und Kirchen gibt, angeblich sind es 159, was selbst im katholischen Bayern bemerkenswert ist. Zu den berühmtesten Sakralbauten gehören die Wieskirche und die Benediktinerabtei Kloster Andechs.

Die hiesige Landschaft ist geprägt durch Wiesen, Wälder, Hügel, Moore, Seen und Flussläufe und natürlich durch den Blick auf die nahen Alpen. Die Priester, Mönche und Nonnen trafen eine gute Wahl, als sie sich in dieser Gegend niederließen, denn das Panorama ist so schön, dass es einem schier die Sprache verschlägt.

Mitten in diesem landschaftlichen Idyll liegt nahe der Stadt Weilheim das Gut Dietlhofen, ein verträumtes Fleckchen Erde mit alten Bäumen und naturbelassenen Hecken, einem plätschernden Bach, einem ruhigen Weiher, Biotopen, Streuobstwiesen und einem großen Tier- und Pflanzenreichtum. Auf dem 70 Hektar großen Anwesen wird eine Biolandwirtschaft betrieben, das heißt, wir produzieren dort gesunde und hochwertige Lebensmittel nach Bioland-Standard.

Von Norden kommend führt eine Allee aus Laubbäumen mit Linden, Eichen und Ahorn zum Gut. Eingangs lässt man auf der Landstraße nach Weilheim links ein buntes Feld liegen, auf dem Blumen zum Selberpflücken angeboten werden.

Im Frühjahr wachsen dort Narzissen und Tulpen, im Sommer gedeihen Gladiolen, Ringelblumen, Sonnenblumen und Dahlien, und schließlich gibt es Astern in herbstlichen Farben. Bevor ich in die Allee zum Gut einbiege, nimmt mich die Blütenpracht jedes Mal für einen Moment gefangen, weil die bunten Blumen stets eine Augenweide sind.

Freitags oder samstags halte ich dort an und pflücke einen Strauß für das Wochenende. Ich habe gern frische Blumen auf dem Tisch. Im Büro gibt es immer montags neue Blumensträuße. Darauf lege ich großen Wert.

Sobald man die Landstraße verlassen und die Bahngleise überquert hat, führt die enge Straße leicht bergab, denn Dietlhofen liegt in einer Senke. Rechter Hand erstreckt sich der Dietlhofer See, der im Sommer ein beliebtes Ausflugsziel für zahlreiche Badegäste ist.

Wer sich dem Gut nähert, muss nicht lange überlegen, ob er unbefugt privaten Grund betritt oder ob er willkommen ist. In zwei aus hellen Feldbrandsteinen gemauerten Säulen rechts und links des Weges sind Metalltafeln eingelassen, auf denen »Grüß Gott auf Gut Dietlhofen« steht. Darunter ist eine Abbildung von Tabaluga, denn alles, was unser kleiner grüner Drache verkörpert, soll hier auf Dietlhofen gelebt werden: die Achtung und der Respekt vor jedem Lebewesen, der Schutz der Natur, die Bewahrung der Schöpfung, die Toleranz, die Freundschaft und das Miteinander, die Hoffnung, die Liebe, die Zuversicht und die Freude am Leben.

Wenn Gut Dietlhofen in Norddeutschland läge, hätten wir »Moin, moin« auf die Säulen geschrieben, im Ruhrgebiet »Glück auf« und in Berlin vielleicht »Schön' juten Tach!«. Hier in Bayern sagen wir »Grüß Gott«.

Tabaluga lebt in der Märchenwelt Grünland. Der Name ist Programm. Tabaluga ist keine Fiktion mehr, und Grünland gibt es wirklich: Es liegt in Dietlhofen.

Ich glaube, alles im Leben hat auf irgendeine geheimnisvolle Weise seinen Grund und seine Ursache. Was ist also der Grund dafür, dass mich mein Weg hierher geführt hat? Warum habe ich dieses Faible für die Landwirtschaft?

Ich bin in Kronstadt aufgewachsen, einer von den Karpaten umgebenen Großstadt in Siebenbürgen. Die Rumänen nennen sie Brașov. Vor rund 800 Jahren besiedelten Deutsche diesen Landstrich, die Siebenbürger Sachsen. Sie kamen auf Einladung der Österreicher, denn damals gehörte Siebenbürgen noch zu Ungarn und damit zum Habsburgerreich Österreich-Ungarn. Meine Mutter war Siebenbürger Sächsin, mein Vater ist ungarischer Abstammung. Zuhause sprachen wir Deutsch. Auf der Straße unterhielten wir uns auf Deutsch, Ungarisch und Rumänisch, je nachdem, ob wir mit deutschen, ungarischen oder rumänischen Kindern spielten. Die Menschen unterschiedlicher Herkunft und unterschiedlicher Konfession lebten über lange Zeiträume in Frieden und Harmonie zusammen.

Die Eltern meines rumänischen Schulfreundes Costică besaßen einen kleinen Garten, in meinen Kinderaugen ein richtiges Wunderland, in dem es im Frühjahr und Sommer täglich etwas zu bestaunen gab. Ich war davon fasziniert, wie aus einem Setzling ein großer Salatkopf wurde und aus einem Samenkorn eine prächtige Sonnenblume. Noch interessanter erschien mir die Frage, warum ein Obstbaum ohne menschliches Zutun jedes Jahr wieder neue Früchte trägt und wie es überhaupt möglich ist, dass aus einer zartrosa Blüte ein kräftiger roter Apfel entsteht. So ein Garten ist ein Paradies, dachte ich und war manchmal ein bisschen neidisch, denn meine Familie lebte in einer Einzimmerwohnung mit Küche – ohne Garten, versteht sich.

Im damals kommunistischen Rumänien war es ein großer Luxus, einen Garten zu besitzen. Die Menschen wurden dadurch unabhängiger von staatlichen Läden, in denen die Regale meistens leer waren. Außerdem konnte ein Gartenbesitzer mit Nachbarn und Verwandten einen Tauschhandel betreiben: Äpfel gegen Gurken, Salat gegen Kirschen, Bohnen gegen Kartoffeln. Das war ein in sich geschlossener Wirtschaftskreislauf, der super funktionierte, aber denjenigen, die nichts zu tauschen hatten, leider verwehrt blieb.

Noch besser waren diejenigen dran, die neben einem Garten noch einen Acker und ein bisschen Weideland besaßen. Mein Vater nahm mich gelegentlich mit auf die Jagd. Wir kamen dann in abgelegene Dörfer, die zwar keinen Strom und kein fließendes Wasser hatten, aber weitgehend autark leben konnten. Die Bewohner besaßen eine Kuh, ein Schaf, ein paar Hühner und ein wenig Ackerland sowie einen Gemüsegarten. Alles, was sie zum Leben brauchten, erzeugten sie auf ihrer eigenen Scholle. Sich selbst versorgen zu können schien mir der Garant für ein menschenwürdiges Leben zu sein. Ein Selbstversorger musste nicht stundenlang anstehen, um ein Stück Brot zu kaufen und am Ende vielleicht sogar abgewiesen zu werden, weil die Theke leer war. Ich empfand das als zutiefst demütigend. Die Leute auf dem Land bauten etwas Getreide an, konnten daraus ihr eigenes Mehl mahlen und Brot backen. Diese Unabhängigkeit hat mich beeindruckt.

Ich merkte, dass die Leute in den Dörfern zufriedener und ausgeglichener waren als die in der Stadt. Die Städter waren permanent damit beschäftigt, sich alle möglichen Tricks und Kniffe einfallen zu lassen, um etwas Fleisch oder ein Kilo Obst zu ergattern. Das machte sie oft mürrisch und führte zu ständigem Konkurrenzdenken, denn es war ja nicht genug für alle da. Also musste jeder sehen, dass er dem anderen zuvorkam und ihm das Huhn oder den Salat vor der Nase wegschnappte. Ich erlebte, dass sogar Menschen, die einander gut kannten, missgünstig wurden, wenn die Erdbeermarmelade oder die Blutwurst im Einkaufskorb des anderen landeten und nicht im eigenen.

Am allerbesten hatten es aber die Landwirte getroffen. Meine Vorfahren mütterlicherseits waren siebenbürgische Bauern. Deren Landleben habe ich in meiner Kindheit noch aus eigener Anschauung kennengelernt, denn die Ferien habe ich oft in einem kleinen Ort namens Brenndorf bei den Verwandten meiner Mutter verbracht.

Vermutlich hat sich damals bei mir die Idee festgesetzt, dass Freiheit und Unabhängigkeit unter anderem bedeuten, sich jederzeit aus eigenen Mitteln und aus eigener Kraft ernähren zu können. Deshalb, so schlussfolgerte ich, sollte man auf dem Land leben und einen eigenen Hof bewirtschaften.

Die Situation für die Angehörigen ethnischer Minderheiten verschlechterte sich in Rumänien in den 50er Jahren zusehends. Der kommunistische Diktator Ceaușescu ließ Minderheiten wie Roma, Deutsche und Juden verfolgen, drangsalieren, verschleppen und foltern. Auch mein Vater, der zwar der ungarischen Minderheit angehörte, aber mit einer Deutschen verheiratet war und als junger Mann im Krieg bei der deutschen Wehrmacht gedient hatte, wurde von der Geheimpolizei, der berüchtigten Securitate, mehrfach bei Nacht und Nebel abgeholt. Meine Mutter und ich sind dann vor Angst fast verrückt geworden, denn niemand wusste, wohin mein Vater gebracht wurde und was mit ihm geschah. Recht und Gesetz gab es nicht mehr. Es herrschte pure Willkür. Mein Vater wurde schwer misshandelt, mit dem Ziel, ihn psychisch und moralisch zu brechen.

Wer konnte, verließ damals das Land. Dazu brauchte man entweder Verwandte im Westen, die das »Kopfgeld« zahlten, das der rumänische Staat verlangte, oder man musste es auf die Dringlichkeitsliste schaffen und durch die Bundesrepublik Deutschland freigekauft werden. Die Rumänen haben damals ein gutes Geschäft damit gemacht. Ceaușescu sagte: »Die Deutschen und die Juden sind mein bester Exportartikel.« Das war menschenverachtender Zynismus in seiner übelsten Form.

Mein Vater stellte für unsere Familie einen Ausreiseantrag. Die Zeit danach war die schwerste unseres Lebens. Mein Vater wurde sofort arbeitslos. Um zu überleben, verkauften meine Eltern das wenige, das wir besaßen.

Eines Tages standen Polizisten vor der Tür und sagten, dass wir in den nächsten Tagen ausreisen dürften, wenn wir »die Formalitäten erledigen«, also das notwendige Geld hinterlegen und Flugtickets vorweisen könnten. Meine Oma in den USA hat dann ihre Ersparnisse geopfert, damit unsere Ausreise möglich wurde.

Meine Mutter packte das Nötigste zusammen, vor allem wichtige Dokumente wie Geburtsurkunden, Zeugnisse und natürlich unsere Pässe sowie ein paar Fotoalben und ein bisschen Kleidung. Es ging plötzlich alles wahnsinnig schnell. Am 23. August 1963 flogen wir von Bukarest über Köln nach München.

Eigentlich wollten wir weiter in die USA, aber die Amerikaner hatten damals schon eine Einwanderungsquote. Wir hätten zwei bis drei Jahre auf ein Visum warten müssen. Da meinte mein Vater: »Das machen wir nicht. Wir müssen zur Ruhe kommen und eine sichere Zukunft aufbauen. Wir bleiben hier.« So kamen wir in München zunächst bei einer befreundeten Familie unter, die einige Zeit vor uns aus Rumänien nach Deutschland übergesiedelt war. Von da zogen wir nach Waldkraiburg, eine Stadt, in der viele Aussiedler und Vertriebene lebten.

Im Nachkriegsdeutschland kamen Millionen deutsch-stämmige Flüchtlinge und Heimatvertriebene aus Schlesien, Ostpreußen, Pommern, dem Sudentenland, dem Banat und aus Siebenbürgen in die Bundesrepublik Deutschland. Die Eingliederung dieser vielen Menschen war eine enorme Leistung des Staates und der einheimischen Bevölkerung. Es vergingen viele Jahre, bis die Neuankömmlinge sich eingelebt hatten.

Ich dachte fortan nicht mehr an Gärten und Ackerland, denn ich war mit ganz anderen Dingen beschäftigt, nämlich neue Freunde zu finden, in der Schule zurechtzukommen und Musik zu machen. Ich interessierte mich für Gitarren, Mädchen und Motoren. Karotten und Küchenkräuter waren nicht angesagt.

Das änderte sich schlagartig, als mir Anfang der 8oer Jahre zufällig ein Buch in die Hände fiel, das mich sofort gefesselt und begeistert und meine alte »Landlust« zu neuem Leben erweckt hat: *Das große Buch vom Leben auf dem Lande*, die Selbstversorger-Bibel von John Seymour. Der Autor war ein britischer Farmer. Er beschrieb in seinem Werk minutiös und in für Laien verständlicher Form, wie man ein kleines Grundstück so bewirtschaftet, dass ein möglichst geschlossener und gesunder natürlicher Kreislauf entsteht und man sich von den Erträgen seiner Parzelle ernähren kann. Das war für mich wie eine Offenbarung – die praktische Anleitung, um das umzusetzen, was mir in Rumänien wieder und wieder durch den Kopf gegangen war. John Seymours Ansatz und die Idee, ein Stück Land zu besitzen und zu bewirtschaften, ließen mich fortan nicht mehr los.

Ich war zu dieser Zeit gerade mit meiner damaligen Frau nach Tutzing am Starnberger See gezogen. Sie hatte diesen wunderschönen Ort entdeckt und sich in ihn verliebt. Wir haben uns eine Weile den Kopf darüber zerbrochen, wie wir uns dort niederlassen könnten, ohne dabei wirtschaftlich »den Bach runterzugehen«. Ich hatte ja kein gesichertes Einkommen. Die ersten Schallplatten hatten sich zwar sehr gut verkauft, aber niemand wusste, ob die nächsten Scheiben auch noch erfolgreich sein würden. Für ein Bankdarlehen jedenfalls reichten meine Sicherheiten nicht aus.

Doch wir hatten Glück. Wir lernten das Ehepaar Inga und Hans Gemperle kennen. Das waren ganz großartige Leute. Sie wollten ihr Haus verkaufen und boten uns an, den Kaufpreis in Raten abzuzahlen. Darum hatten wir nicht etwa gebeten, nein, sie brachten uns viel Vertrauen entgegen und machten von sich aus dieses großzügige Angebot. Ohne diese Unterstützung wäre der Kauf des Hauses zu diesem Zeitpunkt nicht möglich gewesen.

Damals lernte ich auch deren 16-jährigen Sohn Hans kennen, der davon träumte, Toningenieur zu werden. Meine erste Begegnung mit ihm fand im Garten seines Elternhauses statt. Er schoss mit Pfeil und Bogen auf eine Scheibe. Seine Treffsicherheit fiel mir sofort auf. Und ihm sind mein Cowboyhut und meine Westernstiefel bis heute in Erinnerung geblieben. Das war damals mein bevorzugter Look.

Ich öffnete Hans dann beruflich einige Türen, vermittelte ihm Kontakte und einen Ausbildungsplatz in den berühmten Hansa Studios in Berlin. Um die Geschichte abzukürzen: Hans Gemperle wurde nicht nur Toningenieur, sondern auch ein guter Freund. Wir arbeiten schon seit vier Jahrzehnten zusammen, sind gemeinsam durch dick und dünn gegangen und ein unzertrennliches Gespann geworden.

Zunächst war ich einerseits sehr gern zuhause in Tutzing, aber andererseits ebenso gern auf Reisen, denn ich war neugierig auf andere Länder und fremde Kontinente. Mein Weg führte mich unter anderem auch nach Kanada. Ich war begeistert von diesem Land: Die Weite, das Gefühl von grenzenloser Freiheit und Abenteuer faszinierten mich sehr. Daheim geriet ich ins Schwärmen, sobald ich auf meinen Kanada-Trip angesprochen wurde. Ich träumte davon, in Kanada zu leben. In den 90er Jahren hielt ich den Zeitpunkt für gekommen, wir zogen auf eine Farm in Britisch-Kolumbien.

Damals war Europa noch in den freien Westen und den kommunistischen Osten geteilt, und zwei feindliche Militärblöcke standen sich bis an die Zähne bewaffnet gegenüber. Die Konfrontationslinie lief mitten durch Deutschland, entlang der innerdeutschen Grenze. Die DDR gehörte zum Warschauer Pakt, die Bundesrepublik Deutschland zur NATO. Der Rüstungswettlauf zwischen den Kontrahenten erreichte mit der Stationierung nuklearer Raketensprengköpfe einen weiteren besorgniserregenden Höhepunkt. Die Waffensysteme wurden immer gefährlicher, deren Vernichtungskraft immer größer. Dabei rechtfertigten Ost wie West das Wettrüsten damit, dass die andere Seite eine Überlegenheit anstrebe und man gezwungen sei, immer einen Schritt schneller zu sein als der Gegner. So entwickelte sich eine Rüstungsspirale, die sich weiter und weiter drehte.

Viele Menschen hatten Angst, dass das Pulverfass explodieren und uns der ganze Wahnsinn um die Ohren fliegen würde. Mir ging es auch so, deshalb suchte ich einen Ort, an dem diese Waffenarsenale und Bedrohungsszenarien weit weg waren und wo ich mir ein zweites Zuhause schaffen konnte. Ich entschied mich schließlich für eine entlegene Farm von 150 Hektar Größe in Britisch-Kolumbien. Das klingt nach viel, ist in Kanada aber nichts Außergewöhnliches, denn es gibt Platz im Überfluss. Die Kanadier nennen so ein Anwesen »Weekend Farm«. Eine richtige Farm ist in ihren Augen noch viel größer. Dietlhofen misst übrigens mit 70 Hektar weniger als die Hälfte dieser Fläche.

Wir genossen die neue Freiheit, badeten im kalten Wasser des Shuswap River, beobachteten Elche mit dem Fernglas und fuhren mit einem alten Pick-up in die Berge. Ich hielt mich viel im Freien auf und versuchte mich in dieser und jener landwirtschaftlichen Tätigkeit. So richtete ich eine Werkstatt ein, denn ich stellte mir vor, dass ich selbst Zäune repariere, so wie wir es alle von den Cowboys aus den Westernserien im Fernsehen kennen. Wenn Ben Cartwright, begleitet von seinen drei Söhnen Adam, Hoss und Little Joe, mit versteinerter Miene von der Ponderosa-Ranch ritt, weil irgendwo wieder ein Zaun durchbrochen und die Rinder ausgebüxt waren, dann ritten wir doch alle in Gedanken mit ihm und den Jungs durch die staubige Weite, entschlossen, die zerborstene Stelle im Holz zu finden und zu reparieren. Das war *Bonanza!* Wenn ich ehrlich sein soll, muss ich zugeben, dass ich in Kanada nicht einen Zaun eigenhändig repariert, geschweige denn einen neuen aufgestellt habe …

Aber das macht nichts. Für den Kopf und für die Seele war das Leben in den Weiten Kanadas sensationell, jedoch nur eine gewisse Zeit lang. Irgendwann musste ich mir eingestehen, dass ich auf mein persönliches und künstlerisches Umfeld in Deutschland und auf die Musik nicht verzichten wollte und es bis heute auch nicht möchte. In Kanada war ich viel zu weit weg vom Schuss. Zudem erforderte die Zeitverschiebung, dass ich nachts aufstand, um mit meinem Büro in Tutzing, meiner Band und meiner damaligen Plattenfirma zu telefonieren.

Tagsüber war ich dann natürlich müde. Diesen Rhythmus konnte ich auf die Dauer nicht durchhalten. Wenn ich eine gute Idee hatte, war es nicht möglich, sie spontan mit jemandem zu teilen, denn in Deutschland lagen die Menschen im Tiefschlaf, während ich putzmunter war. Man sagt mir nach, dass ich früher meine Mitarbeiter und Partner nachts durch Anrufe geweckt hätte. Asche auf mein Haupt, ja, das stimmt! Das passierte tatsächlich, denn manchmal fand ich einen Gedanken so überwältigend oder eine Frage so wichtig, dass ich trotz der unterschiedlichen Zeitzonen zum Hörer griff. Langfristig war das kein akzeptabler Zustand. Ich musste also eine Wahl treffen und entschied mich dafür, mein Anwesen wieder zu verkaufen.

Obwohl ich Kanada aus tiefster Überzeugung Lebewohl gesagt hatte, wollte ich jedoch nicht ganz auf einen ländlichen Wohnsitz mit landwirtschaftlicher Nutzung verzichten. Und so entschied ich mich für Mallorca.

Nach dem Tod des Militärdiktators Franco war in Spanien ein Gesetz abgeschafft worden, das Ausländern verboten hatte, Grund und Boden außerhalb geschlossener Ortschaften zu kaufen. Das Land öffnete sich dann mehr und mehr seinen europäischen Nachbarn. Ich kannte damals Mallorca schon recht gut, insbesondere die Gegend um Pollença, und gab meinen dortigen Freunden und Bekannten zu verstehen, dass ich daran interessiert sei, eine Finca zu erwerben, um eine kleine Landwirtschaft zu betreiben. Bald wurde mir Ca'n Sureda angeboten, und ich musste nicht lange überlegen. Die Lage in den Bergen, das schöne alte Haus, das früher mal eine Ölmühle war, Oliven- und Zitronenplantagen: Genau so hatte ich mir mein Zuhause auf der Insel vorgestellt.

1995 unterschrieb ich den Kaufvertrag. Die Finca dient nicht nur als Wohnsitz, sondern vor allem auch der ökologischen Landwirtschaft und der artgerechten Tierhaltung. Die Mitarbeiter belegten Kurse in einer Käserei, bildeten sich im Anbau von Öko-Getreide weiter und experimentierten mit verschiedenen Gemüse- und Obstsorten. Schließlich bauten wir sogar Wein an. Ich lernte Spanisch, knüpfte Kontakte zu den Einheimischen, es entstanden Freundschaften.

Ich liebe Mallorca. Die Insel ist ein Kraft-Ort, an dem ich auftanken kann. Mir gefallen das Lebensgefühl, das Klima, die Vegetation, der Geruch, die Geräusche. Damals gab es noch keine Autobahnen. Man tingelte von Palma aus über die Dörfer auf schmalen Straßen in den Norden der Insel. Es existierte schon Tourismus, klar, aber noch dezenter als heute.

Pollença war zu dieser Zeit bereits ein sehr kosmopolitischer Ort mit vielen Künstlern wie Musikern, Malern und Bildhauern aus aller Herren Länder. Ich schloss enge Freundschaft mit einem Maler namens Dick Campiglio, einem Amerikaner italienischer Herkunft, den ich in der Bar Español im Zentrum der Stadt kennengelernt hatte. Dick war eine faszinierende Persönlichkeit, ein Lebenskünstler, der nie Geld hatte, aber immer gut drauf war und die tollsten Partys schmiss. In seiner Nähe musste man sich einfach wohlfühlen. Wenn wir uns trafen, redeten wir stundenlang über Gott und die Welt und fanden kein Ende. Wir verbrachten sehr viel Zeit miteinander. Ich liebte es, ihm beim Malen zuzusehen. Als wir 1985 das Album *Sonne in der Nacht* produzierten, malte Dick zu jedem Song ein Bild.

Leider verstarb er früh. Ich vermisse ihn, sobald ich an ihn denke, und das tue ich oft.

Dick verkehrte mit vielen anderen Künstlern und führte mich in diese alternative, bunte Szene ein. Es gab zahlreiche kleine Galerien im Ort und einen Marktplatz mit Menschen, die die Zeit damit verbrachten, Zeit zu haben. Das hat mir gefallen, und es gefällt mir bis heute.

Das klingt jetzt vielleicht so, als hätte mein damaliges Leben aus Müßiggang bestanden. Der Eindruck täuscht. Ich war eigentlich immer ziemlich ehrgeizig und einigermaßen diszipliniert. Aber das allein reicht nicht. Wir hatten einfach jede Menge Glück! Das Publikum mochte unsere Musik. Sogar die Metamorphose vom Schlager zur Rockmusik hat letztlich gut geklappt. Es war ein Risiko mit offenem Ausgang und hätte auch total schiefgehen können.

Ende der 1990er Jahre übten Menschen in meinem Umfeld vorsichtige Kritik an der Band und mir, indem sie fragten: »Warum macht ihr mit eurer Popularität nicht etwas Sinnvolles? Warum geht ihr nicht einmal in die Tiefe? Warum beteiligt ihr euch nicht an Projekten, die karitativer Natur sind? Warum positioniert ihr euch nicht gesellschaftlich und politisch?« Zu diesen Menschen gehörte der Liedermacher Hannes Wader. Er kam aus einer völlig anderen Ecke. Seine Musik war immer mit Inhalten verbunden, die gesellschaftliche Relevanz besaßen. Hannes hat mich angeschubst: »Mensch, Peter, lass doch andere Themen und Inhalte einfließen. Du erreichst viele Menschen. Mach was daraus!«

Es braucht im Leben manchmal nur einen Satz, ein Bild oder eine Begegnung, um etwas Grundlegendes zu ändern. Es ist dann, als ginge einem ein Licht auf, das vorher nicht brannte, sondern höchstens leicht flackerte. Hannes hat ein solches Licht in mir entzündet. Und so gründeten mein Team und ich zunächst den gemeinnützigen Verein Horizon e. V., der alle möglichen Projekte unterstützte wie Band Aid, Hilfe für die Opfer von Tschernobyl, Hilfsgüter für Afghanistan.

Der Zufall wollte es, dass ich in Tutzing dann einem Mann über den Weg lief, der ein Heim für traumatisierte Kinder leitete, Dr. Jürgen Haerlin. Er sagte, er brauche Unterstützung, Öffentlichkeitsarbeit und einen Kinderspielplatz für seine kleinen Patienten. Über diesen Kinderspielplatz, den unser Verein dann mitfinanzierte, haben wir zueinandergefunden. Er bat uns, seine Einrichtung »Tabaluga Kinderstiftung« nennen zu dürfen, was wir ihm gestatteten. Ich ahnte nicht, dass wir wenige Jahre später selbst eine Stiftung ins Leben rufen würden, die wir gern so genannt hätten, was dann aber nicht mehr möglich war.

Jürgen Haerlin brachte uns auf den Gedanken, Ferienhäuser für traumatisierte Kinder zu bauen. Aus dieser Idee ist dann die Peter Maffay Stiftung entstanden: Wir laden Kinder, die ein schweres Schicksal haben, zu einer Auszeit vom Alltag ein. Sie verbringen ein oder zwei Wochen in einer intakten Umgebung, wo sie einfach Luft holen, sich entfalten und schöne Dinge erleben können.

Auf Mallorca entstand das erste Tabaluga-Ferienhaus. Zu diesem Zweck erwarben wir im Jahr 2000 die Finca Ca'n Llompart, die direkt neben unserem Wohnhaus, der Finca Ca'n Sureda, liegt.

Ich habe auf Mallorca geheiratet und bin 2003 Vater eines Sohnes geworden. Lange war ich davon überzeugt, dass die Insel nicht nur der richtige Platz für mich war, sondern auch mein einziger Wohnort im Ausland bleiben würde. Es kam dann aber ganz anders.

Nach dem Zusammenbruch des kommunistischen Ostblocks 1989 waren in Osteuropa mehr oder weniger stabile Demokratien entstanden, die den Menschen ein gewisses Maß an Rechtssicherheit und Perspektive boten. Ich habe lange mit mir gerungen, bevor ich daher im Jahr 2008 erstmals wieder nach Rumänien gereist bin. Das Land hatte unter der jahrzehntelangen kommunistischen Diktatur enorm gelitten. Weite Teile der Bevölkerung lebten in bitterer Armut. Die meisten Häuser, die die Siebenbürger Sachsen bei ihrer Ausreise nach Deutschland zurückgelassen hatten, waren verfallen. Nur hier und da traf man in den entlegenen Dörfern noch ganz vereinzelt Deutsche, die durchgehalten hatten und im Land geblieben waren.

Die Verhältnisse in Rumänien waren und sind weder politisch noch ökonomisch mit denen in Deutschland vergleichbar, aber immerhin: Das Land hat sich auf den Weg gemacht und ist sogar seit 2007 Mitglied der Europäischen Union. Nach meiner Rückkehr war ich von der Idee beseelt, in Siebenbürgen wieder Fuß zu fassen und einen kleinen Beitrag zum Wiederaufbau zu leisten.

Mein Team und ich begannen mit der Suche nach einem Standort für ein Stiftungsprojekt, einem Platz für ein Tabalugahaus, wie wir es auf Mallorca und inzwischen auch in Jägersbrunn in Bayern hatten. Dass es in Rumänien Tausende und Abertausende Kinder gab und leider noch immer gibt, die auf der Straße leben, verwahrlost sind und keinen Zugang zu Bildung haben, ist gemeinhin bekannt. Sehr viele Kinder leben auch in Heimen und Waisenhäusern oder in extrem armen Familien.

Wir wurden recht schnell fündig und ließen uns in Radeln (rumänisch Roadeş) nieder, einem kleinen Dorf gut eineinhalb Autostunden von Kronstadt entfernt. Von der asphaltierten Landstraße aus führte eine drei Kilometer lange Schotterpiste mit großen Schlaglöchern dorthin, die im Ort endete. Radeln liegt also in einer Sackgasse. Die deutsche Bevölkerung hatte das Dorf in mehreren Wellen verlassen. Die ersten Bewohner gingen wie meine Eltern und ich in den 50er und 60er Jahren, die nächsten in der Vorwendezeit, und der Rest machte sich direkt nach dem Zusammenbruch des Kommunismus auf den Weg.

Schon während der Ceaușescu-Zeit wurden in die leeren Häuser Rumänen, Roma und Sinti einquartiert. Manche von ihnen gaben sich im Rahmen ihrer bescheidenen Möglichkeiten Mühe, die Häuser vor dem Verfall zu retten, andere waren eher gleichgültig. Angesichts dessen, dass die Häuser formal noch deutschen Familien gehörten, war das sogar teilweise nachvollziehbar, denn die neuen Bewohner wussten nicht – und wissen es mitunter bis heute nicht –, ob und wie lange sie bleiben konnten.

Als Marina, meine Mitarbeiterin in der Stiftung, erstmals dorthin reiste, habe ich im Nachbarort bei einer deutschen Familie ein einfaches Quartier besorgt und ihr die Adresse in die Hand gedrückt. Über Radeln habe ich nur erzählt, in welch herrliche Landschaft das Dorf eingebettet sei. Von den verfallenen Häusern, in denen Menschen in unwürdigen Verhältnissen hausen, davon, dass es kein Wasser und keine Toiletten gibt, habe ich lieber nicht gesprochen.

Marina ist ein »Feldwebel«, und das sage ich voller Respekt und keineswegs despektierlich. Sie war früher Polizistin, lässt sich nicht so schnell aus der Ruhe bringen und weiß sich durchzusetzen. Außerdem spricht sie Italienisch, was der rumänischen Sprache sehr ähnlich ist. Ich dachte: Sie kommt schon klar, wenn sie erst einmal dort ist ... Und so war es dann auch.

Als sie an einem trüben Novembertag mit einem Leihwagen über die Schotterpiste ins Dorf fuhr, war sie entsetzt, denn die Lebensbedingungen spotteten jeder Beschreibung. Die Kinder liefen in Lumpen und trotz der winterlichen Temperaturen in offenen Latschen herum, die meist viel zu groß waren. Sie tranken das Wasser aus verunreinigten Brunnen. Von Schulbildung konnte kaum die Rede sein: Die meisten Kinder gingen nur drei bis vier Jahre in eine Schule und machten sich dann als Ziegenhirten oder im Haushalt nützlich. Prostitution, Missbrauch und Schwangerschaften von 13- und 14-jährigen Mädchen waren an der Tagesordnung.

Schnell war klar, dass wir unseren Stiftungszweck über unsere Kinderferienhäuser hinaus um den Aspekt der humanitären Hilfe sowie der medizinischen Versorgung der Bevölkerung in Radeln erweitern müssten.

Nach und nach haben wir einige leerstehende Gebäude erworben, die wir für unser Tabaluga-Kinderferienhaus, Werkstätten, Wohnungen unserer Mitarbeiter und Infrastrukturprojekte benötigten. Wir haben sie vollständig saniert oder abgetragen und auf den vorhandenen Fundamenten neu aufgebaut. Marina hielt sich über etliche Jahre ungefähr eine Woche pro Monat in Radeln auf, leitete die Baubesprechungen und sorgte dafür, dass die Dinge vorangingen.

Warum erzähle ich das alles? Wir haben natürlich – und das ahnen Sie schon – auch einen Bauernhof gekauft, grundsaniert und mit neuem Leben erfüllt. In der zweijährigen Bauphase wurden das Wohnhaus hergerichtet, eine Holzgasheizung mit Solarunterstützung eingebaut sowie Ställe für Kühe, Hühner, Ziegen, Esel und Schafe auf den alten Fundamenten neu errichtet. Um den Gemüsegarten kümmern sich Frauen aus dem Dorf, die dafür ein Entgelt bekommen. Auf den Äckern ernten wir Heu als Winterfutter für unsere Tiere. Wir produzieren vorwiegend in traditioneller Arbeitsweise. Im Dorf werden die Kühe noch von Hand gemolken. Warum? Weil hier Menschen leben, deren Beruf »Melker« ist. Sie finden auf diese Art und Weise nach vielen Jahren erstmals Arbeit und können sich und ihre Familie ernähren.

Ich selbst pendelte nun also zwischen Mallorca, Rumänien und Tutzing. So richtig zuhause war ich – ja wo eigentlich? Die Jahre vergingen, und ich stellte fest, dass ich Heimweh bekam, Heimweh nach Deutschland. Es war, als steuerte mich ein Autopilot zurück nach Tutzing, wo das Büro, der Sitz unserer Stiftung und das Musikstudio sind.

Anfangs verlängerte ich meine Aufenthalte in Deutschland jeweils um ein paar Tage. Dann kam die Phase, in der ich One-Way-Tickets buchte und den Termin für die Rückkehr offenließ. Irgendwann war klar: Mein Lebensmittelpunkt sollte wieder in Tutzing sein, denn in Deutschland konnte ich mehr bewegen und mehr gestalten, sowohl künstlerisch als auch mit unserer Stiftung. Das Geld, das die Stiftung brauchte, um ihre Arbeit in Spanien, Deutschland und Rumänien auszubauen, konnte ich weder in Spanien noch in Rumänien verdienen oder einsammeln, denn dort kennt mich außer ein paar Nachbarn kein Mensch.

Hinzu kommt, dass wir seit einigen Jahren im Musikgeschäft durch die Digitalisierung eine enorme Veränderung erleben, die viel mehr Präsenz von mir auf der Bühne und im Hintergrund, also im Büro und in den Studios, erfordert. Wenn man nicht vorhat, buchstäblich vorzeitig von der Bühne abzutreten, muss man einfach da sein, wo die Musik spielt.

Ich wollte und musste nach Deutschland.

Mallorca bleibt aber trotzdem auch eine Art Heimat für mich, schon allein deshalb, weil mein Sohn Yaris dort lebt. Deutschland ist mein Zuhause, mein Lebensmittelpunkt, das Land, dem ich unendlich viel verdanke. Und Siebenbürgen bleibt meine alte Heimat, die ich neu für mich entdecke und zu der ich eine tiefe Verbundenheit hege.

Es hat gar nicht lange gedauert, bis der Wunsch in mir erwachte, auch in Deutschland eine kleine Landwirtschaft zu betreiben.

Ein Gut mit ähnlicher Größe und vergleichbarem Potential zu finden, wie es Ca'n Sureda auf Mallorca ist, schien völlig unmöglich, denn wer ein solches Grundstück in Oberbayern besitzt, verkauft es eigentlich nicht. Und wenn doch mal eines zum Verkauf stand, war es schier unerschwinglich. Man darf nicht vergessen, welch hohen touristischen Wert der Pfaffenwinkel hat. Entsprechend teuer sind die Anwesen.

Hatte in Spanien der Zufall geholfen und war in Rumänien die systematische Suche von Erfolg gekrönt, so hatten wir nun pures Glück. Nicht wir fanden das Gut Dietlhofen, sondern das Gut fand uns. Es wurde uns zum Kauf angeboten.

Gut Dietlhofen ist ein ganz besonderer Ort. Jeder, der hierherkommt, spürt das. Es blickt auf eine lange wechselvolle Geschichte zurück, die im Jahr 1160 begann. Ursprünglich gab es zwei Höfe, die vom Vorbesitzer Alfred Wenig in den 1970er Jahren zu einem Gut zusammengeführt wurden. Mit geschultem Auge kann man heute noch erkennen, dass viele Zweckbauten wie Ställe und Scheunen zweifach vorhanden sind. Dem normalen Besucher fällt das nicht auf, aber Menschen, die selbst aus der Landwirtschaft stammen, fragen sofort danach. Der frühere Eigentümer war 2009 kinderlos verstorben und hatte das Gut der christlichen Stiftung Nehemiah Gateway vermacht, die er schon zu Lebzeiten sehr großzügig unterstützt hatte. Nehemiah Gateway ist in sehr armen Ländern wie dem Sudan, Tansania und Albanien tätig und kümmert sich dort hauptsächlich um Schulbildung und medizinische Hilfe.

Alfred Wenig hatte testamentarisch verfügt, dass das Anwesen nur an jemanden verkauft werden dürfe, der sich einem sozialen Projekt widme. Mit anderen Worten: Der Erwerb von Gut Dietlhofen war an die Auflage gebunden, dass es zumindest in Teilen einem gemeinnützigen Zweck diene. Dadurch war der Kreis der potentiellen Käufer eingeschränkt und der Kaufpreis zwar immer noch stolz, aber nicht mehr astronomisch hoch. Die Erbengemeinschaft trat im Jahr 2015 an unsere Stiftung heran und unterbreitete uns ein Angebot.

Ich wollte mir zunächst ganz allein und ohne externe Ratschläge einen Eindruck verschaffen. Deshalb nahm ich mein Fernglas, ging quasi auf die Pirsch rund um das

Gut, saß auf den Anhöhen und inspizierte es mehrere Tage lang aus allen Himmelsrichtungen. Eigentlich hat diese Fernbeziehung meine Liebe zum Gut schon vollständig entfacht.

Die Besichtigung vor Ort war dann nur noch das Tüpfelchen auf dem i. Ich erinnere mich noch sehr gut an diesen Tag: Meine langjährigen Freunde und Begleiter Dieter, Albert und Daniel aus dem Büro in Tutzing und ich fuhren an einem Donnerstagnachmittag dorthin. Wir wurden von einigen Herren in Anzügen und einem schlanken großen Mann mit freundlichem wettergegerbten Gesicht empfangen, der Arbeitskleidung trug. Sein fester Händedruck zeigte mir: Der Typ kann anpacken. Er stellte sich als Thomas vor. Zusammen mit seiner Frau Carola bewirtschaftete er den Hof als Angestellter der damaligen Eigentümer.

Es regnete leicht an diesem Tag. Außer dem Landwirt und mir trug niemand in der Gruppe wetterfestes Schuhwerk. Den Jungs aus dem Büro verging schon bald die gute Laune: »Müssen wir wirklich noch weitergehen?«, fragte Dieter und zog ein Gesicht, als hätte er saure Milch getrunken. Ich bestand darauf, dass wir uns jeden Winkel ansehen müssten und auch die nassen Wiesen nicht auslassen dürften. Wir waren wirklich überall: auf den Wiesen, im Wald, im Hühnerstall, in den Scheunen, bei den Bisons, in der Obstplantage und auf den Getreidefeldern. Am Ende waren wir klatschnass. Dieter und Albert stand das Regenwasser in den Schuhen, und sie hofften inständig, dass dies der erste und letzte Besuch auf Gut Dietlhofen gewesen sein möge. Irrtum!

Von Anfang war klar, dass unsere Stiftung das Gut niemals würde bezahlen können. Wir sind ein relativ kleiner Verein und stecken jeden Cent in die Arbeit mit den Kindern. Daher entschied ich mich, eigenen Besitz zu veräußern und das Gut privat zu erwerben, um es einerseits der Stiftung zur Nutzung zu überlassen und andererseits die Biolandwirtschaft aufrechtzuerhalten.

Seitdem bin ich beinahe täglich auf Gut Dietlhofen, manchmal sogar mehrmals am Tag. Die Umgebung hat auf mich eine beruhigende Wirkung. Schon nach wenigen Minuten komme ich total runter, selbst dann, wenn ich unter Zeitdruck stehe, innerlich angespannt bin, genervt nach einem unerfreulichen Telefonat oder müde nach einem langen Tag. Es ist so, als ob ein schwerer Mantel von meinen Schultern fällt.

Hier kann ich entschleunigen und entspannen. Es gibt aus meiner Sicht nichts Sinnvolleres und Schöneres, als die Natur zu erleben und zu fühlen. Während unser Gehirn im Alltagsleben permanent viel mehr Eindrücken ausgesetzt ist, als es verarbeiten kann, und unentwegt versucht, überflüssige Reize abzuwehren, ist die Natur im besten Sinne des Wortes reizarm. Körper, Seele und Geist entspannen sich. Wir müssen weniger wahrnehmen und können dadurch das wenige besser aufnehmen und intensiver empfinden. Die Farben, die Gerüche, die frische Luft, das Zwitschern der Vögel, das Gackern der Hühner, das Surren der Insekten, die Sonne, der Nebel, der Regen und die wechselnden Temperaturen – all das sind positive Eindrücke, die ich aus Dietlhofen immer mit in meinen Büro- und Studioalltag nehme.

Ich beobachte die Saat und die Ernte, pflücke Äpfel vom Baum, sammle im Herbst Nüsse und freue mich, wenn eines unserer Bisons Nachwuchs zur Welt bringt. Morgens hole ich die frischen Eier direkt aus dem Hühnerstall und den Salat vom Gemüsefeld.

In den Jahren, seit ich mich als Wochenend-Landwirt betätige, habe ich schon viel gelernt, aber bei weitem noch nicht genug. Auch wenn ich selbst ab und zu auf dem Gemüsefeld stehe, Salat und Zucchini für den Eigenbedarf ernte, verstehe ich immer noch viel zu wenig vom Gemüse- und Getreideanbau und auch von der Viehzucht. Ich kann aber Trecker fahren, und das sogar ziemlich gut! Wenn in dieser Hinsicht Not am Mann ist, springe ich gern ein.

Aber noch bin ich im Hauptberuf Musiker und möchte das auch noch eine ganze Weile bleiben. Deshalb ist es gut, dass Dietlhofen von erfahrenen, engagierten und kompetenten Menschen bewirtschaftet wird. Mit Carola und Thomas, die sich weiterhin um die Landwirtschaft und um den Hofladen kümmern, mit Gusti aus der Gutsverwaltung und Marina und Albert in der Stiftung verbindet mich die Begeisterung für dieses Naturparadies. Wir haben eine gemeinsame Vision von ökologischer Landwirtschaft, artgerechter Tierhaltung und einer Umgebung, in der sich viele Menschen, vor allem auch Kinder, auf unterschiedliche Weise wohlfühlen können.

Wenn ich mich heute auf Gut Dietlhofen quasi als Lehrling in der Landwirtschaft ein wenig nützlich mache, denke ich gern an die liebevoll gepflegten Gärten und die hübschen Bauernhöfe in meiner Kindheit in Siebenbürgen zurück und bin glücklich, inzwischen selbst Gemüsefelder, Ackerland und allerlei Tiere zu besitzen und die Freude an diesem Besitz sowie die Erträge mit anderen Menschen zu teilen – genau so, wie ich es in meiner Kindheit erlebt habe.

Mir scheint, das Leben ist wie ein Kreis, der sich irgendwann schließt. Ich musste mehrfach weggehen, um anzukommen. Rückblickend ist mir klar geworden, dass jeder Schritt auf meinem Weg letztendlich ein Schritt in Richtung Dietlhofen war. Und wer weiß, vielleicht steht ja eines Tages im Telefonbuch: »Maffay, Peter, Landwirt und Musiker«.

In diesem Buch möchte ich Sie, liebe Leserinnen und Leser, einladen, mich auf einem Rundgang über das Gut zu begleiten. Ich bin überzeugt, es wird Ihnen gefallen. Auf engstem Raum gibt es alles, was wir zum Leben brauchen, und vieles, was uns glücklich macht. Gut Dietlhofen ist wie eine Arche, ein Mikrokosmos mit Wohnhäusern, Stallungen, Scheunen, Kirche, Café und Einkaufsmöglichkeiten, mit Fußballfeld und Spielplatz, Veranstaltungsraum und Festplatz, großen und kleinen Tieren, wilden und zahmen, mit Fell oder Federn, mit einem Gemüsefeld, einem Gewächshaus und Streuobstwiesen, Ackerflächen und Wald, Bach und Weiher, mit ständigen Bewohnern, Gästen, Mitarbeitern und Kindern, die zu uns kommen, weil sie schreckliche Dinge erlebt haben und hier eine glückliche Zeit verleben möchten.

Ich bin davon überzeugt, dass es dafür keine besseren Orte gibt als solche, die mitten in der Natur liegen, so wie das Gut Dietlhofen. Hier gehen die Uhren anders: keine Hektik, keine Hast. Im Laufe der Jahre habe ich gemerkt, dass das nicht nur für die Kinder wohltuend ist, sondern für jeden, der hierherkommt, sei es als Wanderer oder Spaziergänger, als Kunde im Hofladen oder als Gottesdienstbesucher. In dieser kleinen Welt verdichten sich zahlreiche Fragen, die viele Menschen landauf, landab bewegen, in ganz Deutschland und darüber hinaus. Es geht um Themen wie Umwelt- und Naturschutz, gesunde Ernährung, Glaube und Spiritualität, Familie, Erziehung und Bildung, Formen des friedlichen Zusammenlebens, verbindliche Werte im Umgang miteinander, um Respekt und gleiche Augenhöhe und vieles mehr, mit dem wir uns hier beschäftigen.

Das möchte ich Ihnen gern auf unserem Rundgang im Einzelnen erläutern, weil ich glaube und hoffe, dass Sie dabei auf Anregungen für Ihr eigenes Leben stoßen. Er ist für mich eine große Freude, meine Gedanken mit Ihnen teilen zu dürfen.

Wenn Sie mögen, gehen wir jetzt einfach los.

DER DIETLHOFER BACH

Wasser ist Leben

▸ **AUS TUTZING,** also von Norden kommend, erreichen Sie das Gut Dietlhofen über die Bundesstraße 2 und biegen dort links in den Weg ein, der den Namen des Gutes trägt: »Dietlhofen«. Nachdem Sie den Eingang passiert haben, werden Ihnen linker Hand die Bisons und gleich gegenüber der Fischteich auffallen. Nun fahren Sie über eine Brücke. Unter ihr fließt unser Bach.

Nichts im Leben und nichts auf dem Gut funktioniert ohne genügend Wasser. Unsere Lebensader ist der Dietlhofer Bach. Er entspringt ungefähr eineinhalb Kilometer entfernt im etwas höher gelegenen Wald, schlängelt sich durch Wiesen und Felder hinunter zum Gut und versorgt dort unseren Weiher mit frischem Wasser.

Der Weiher diente früher als Löschteich. Wenn es brannte, nahm die Feuerwehr aus diesem Vorrat das Löschwasser. Sie rollte Schläuche aus und setzte eine Tauchpumpe ein. Das braucht man heute nicht mehr unbedingt, weil an mehreren Stellen auf dem Gut Hydranten vorhanden sind. Trotzdem ist unser Weiher nach wie vor als Löschteich deklariert und muss entsprechend behördlicher Vorgaben instand gehalten werden. Insbesondere darf er nicht verschlammen. Das würden wir aber ohnehin nicht zulassen.

Das frische Quellwasser aus dem Bach ermöglicht es uns, Fische zu halten. Eine Wasserfontäne in der Mitte des Teiches sorgt dafür, dass permanent Sauerstoff zugeführt wird, den Karpfen und Forellen brauchen, um zu überleben. Wir haben Bänke am Ufer aufgestellt, weil der Teich ein super schöner Ort ist, um sich auszuruhen, die Gedanken schweifen und die Seele baumeln zu lassen. Spaziergänger und Gäste sind herzlich eingeladen, Platz zu nehmen und zu verweilen.

Manchmal führt unser Bach viel Wasser, manchmal sehr wenig, denn der Waldboden, aus dem er entspringt, verhält sich wie ein Schwamm: Die Niederschläge, also Regen und Schnee, werden vom Boden aufgenommen, gefiltert, gespeichert und wieder freigegeben, sobald die Erde gesättigt ist. In niederschlagsarmen Sommern verwandelt sich der Bach in ein leise gluckerndes Rinnsal, wenn aber im Frühjahr die Schneeschmelze einsetzt oder es zu wolkenbruchartigen Regenfällen kommt, tritt er zuweilen sogar über seine Ufer. Er kann schnell und reißend sein und bis zu eineinhalb Meter tief werden.

Da links neben dem Bach ein fruchtbarer Acker liegt, den wir heute zum Anbau von Bio-Gemüse nutzen, hat man vor vielen Jahren ein kleines Wehr errichtet, also eine Sperre, die dazu dient, den Wasserstand des Baches zu regulieren, um Überschwemmungen zu vermeiden. Das abwärtsfließende Wasser wird gestaut und kontrolliert abgelassen.

Gerade im Frühjahr, wenn die Saat ausgebracht ist oder die Setzlinge im Boden stecken, wäre eine Überflutung des Ackers wirklich tragisch. Dann wäre nicht nur die ganze Mühe umsonst gewesen, sondern die Chance auf eine Ernte für das ganze Jahr vertan. Denn in der

Landwirtschaft hat alles seine Zeit. Es gibt einen Monat, um zu säen, Phasen des Wachstums und eine kurze Zeitspanne für die Ernte. Man kann diesen Rhythmus nicht verändern oder gar umkehren. Was vorbei ist, ist vorbei. Wenn junge Pflanzen verdursten oder ersaufen, muss der Landwirt bis ins nächste Jahr warten, um neue zu setzen. Deshalb ist unser kleines Absperrwerk nicht nur ein Eldorado für die Fische im unteren Bachlauf, weil das herabfallende Wasser sie mit viel Sauerstoff versorgt, sondern vor allem die Lebensversicherung für das junge Gemüse.

Außerdem hat das kleine Wehr einen großen Erholungswert. Viele Menschen schauen gern dem Mini-Wasserfall zu und lauschen dem Rauschen des Wassers. Ich beobachte dort immer wieder Personen, die, die Arme auf die Holzbrüstung gestützt, den Blick minutenlang regungslos auf das fallende Wasser richten. Das entspannt die vielbeschäftigten Augen, die von früh bis spät Eindrücke verarbeiten und bis zu 24 Bilder pro Sekunde auswerten müssen. Wenn Gut Dietlhofen ein beschilderter Gesundheits-Parcours wäre, würden wir vielleicht am Wehr eine Tafel aufstellen lassen mit der Aufschrift: »Augenweide. Auszeit für Ihre Augen, Entspannung für die Sehnerven.«

Die Augen sind unser wichtigstes Sinnesorgan. Nicht umsonst sagt man bei Dingen, die einem besonders viel bedeuten: »Ich hüte sie wie meinen Augapfel.« Ein bisschen Erholung kann jeder von uns auch zuhause oder im Büro finden. Dazu reicht es, sich für einige Zeit ein wunderschönes Bild von einem See, dem Meer, dem Himmel oder einem Fluss vor sein inneres Auge zu holen.

Wenn ich unterwegs bin und zum Beispiel am Flughafen einen Moment – oder besser gesagt einen Augenblick – entspannen möchte, stelle ich mich in Gedanken ans Wasser, entweder auf Gut Dietlhofen oder am Starnberger See.

Früher war ich krankhaft rastlos. Wenn man zu viel im Kopf hat und dadurch schlaflos wird, führt das zur Zerstörung des inneren Gleichgewichts. Das ist enorm gefährlich und kann in einem Burn-out enden. Das habe ich vor ungefähr vier Jahren selbst schon erlebt. Es dauerte ungefähr ein halbes Jahr. Bei mir half Autosuggestion. Ich habe mich intensiv mit den Ursachen auseinandergesetzt. Denn nur, wenn man weiß, wann und wodurch die Orientierung abhandengekommen ist, kann man sich ganz langsam aus diesem Tal wieder herausarbeiten. Für mich war diese schlimme Phase ein unüberhörbares Alarmsignal, es mit der Arbeit nicht zu übertreiben.

Das war eine heftige Erfahrung, aber jetzt ist es vorbei. Mir geht es gut. Wenn mich heute etwas bedrückt und ich nicht einschlafen kann, versuche ich immer, an schöne Erlebnisse, Farben, Formen zu denken oder an fließendes Wasser.

Unser Bach speist auch den Dietlhofer See, dessen schmalste Stelle im Norden an das Gut heranreicht. Der See, rund 600 Meter lang und 200 Meter breit, ist für hiesige Verhältnisse eher klein, aber immerhin knapp 18 Meter tief! Daher wäre unser Bach allein mit der Aufgabe überfordert, ihn ständig mit frischem Wasser zu versorgen, und glücklicherweise stehen ihm dabei einige unterirdische Quellen helfend zur Seite.

Im Winter kann man den See am besten mit dem Titel eines alten Volksliedes beschreiben: »Still ruht der See«; im Sommer hingegen geht es dort laut und fröhlich zu, und wir können das Stimmengewirr der Kinder, die im Wasser toben oder am Strand spielen, bis zum Gut hinauf hören.

Menschen fühlen sich von jeher zum Wasser hingezogen, zu Seen und Flüssen und zum Meer. Sie haben schon immer dort gesiedelt, wo es Wasser gibt, also entlang der großen Ströme, in Deutschland zum Beispiel am Rhein, an der Donau, der Weser, der Ruhr oder der Elbe oder aber am Meer, mit dem Ziel, einen Hafen zu bauen wie beispielsweise in Hamburg, Lübeck, Kiel, Wismar oder Rostock.

Wasser ist Leben. Wir kommen aus dem Wasser, alles Leben kommt aus dem Wasser. Das unterscheidet die Erde von anderen Planeten. 71 Prozent der Erdoberfläche sind von Wasser bedeckt. Wasser führt uns an unseren Ursprung zurück. Ich vermute, dass die Menschen das spüren, ohne sich dessen ständig bewusst zu sein. Wasser entsteht nicht neu und verschwindet auch nicht einfach irgendwo. Seit Urzeiten ist ein und dasselbe Wasser auf unserem Planeten in allen möglichen Kreisläufen unterwegs.

Durch die heißen und trockenen Sommer der vergangenen Jahre ist das Absinken des Grundwasserspiegels stärker in unser Bewusstsein gelangt. Dabei ist das Phänomen nicht neu. Schon im Jahr 2012 titelte eine Zeitung: »Sinkende Grundwasserspiegel gefährden die Welt«. Damals standen Länder wie Indien, China und die USA im Fokus der Berichterstattung, heute ist das Problem auch in Westeuropa angekommen. Moore und Feuchtgebiete trocknen aus, Wälder sterben ab, und die Ackerwirtschaft wird erheblich erschwert. Unser Trinkwasser könnte teurer werden.

Ich beobachte das ganze Jahr über den Starnberger See, weil wir in Tutzing an dessen Ufer wohnen. Manchmal fotografiere ich ihn vom Wohnzimmerfenster aus, um den Augenblick festzuhalten. Der See ist in meinem Leben stets präsent.

Morgens drehe ich am See eine Runde mit dem Rad, im Sommer springe ich danach kurz ins Wasser, um mich zu erfrischen. Abends, wenn der Tag gelaufen ist und die Sonne untergeht, kehrt eine magische Ruhe ein. Wir sitzen dann gelegentlich in einem nahegelegenen Strandcafé, das auf Stelzen in den See gebaut wurde, genießen ein Glas Wein und lassen den Tag Revue passieren. Die Gedanken ordnen sich, und wir fahren einen Gang herunter.

Hendrikje, meine Lebensgefährtin, und ich haben ein kleines, uraltes Elektroboot, mit dem wir am Wochenende gern auf den See hinausfahren. Auf dem Boot sind wir beide Kapitäne, was dazu führt, dass wir uns zunächst über den Kurs verständigen müssen. Unsere Möglichkeiten sind allerdings schon deshalb begrenzt, weil der Akku nicht besonders lange hält. Wir könnten zwar mit unserem Bötchen ganz langsam von Tutzing nach Starnberg oder Seeshaupt tuckern, aber nicht mehr zurück. Das müssen wir stets im Auge behalten, sonst wären wir schlimmstenfalls gezwungen, nach Hause zu schwimmen.

Also machen wir die Leinen nicht los, um irgendwohin zu fahren, sondern einfach nur, um loszufahren. Unser Weg ist das Ziel. Das empfinde ich als ungemein wohltuend.

Die Farbe des Wassers wechselt, je weiter wir hinausfahren, und die leichten Wellen, die gegen den Bug schlagen, haben auf dem See einen anderen Klang als in Ufernähe. Alle Geräusche verstummen nach und nach bis auf das leise Surren des betagten Elektromotors. Wollen wir schweigen und die Natur genießen oder die Muße nutzen, um ein gutes Gespräch zu führen? Beides ist wohltuend, vor allem, wenn das Handy ausgeschaltet ist und ausgeschaltet bleibt. Wir nehmen es nur für den Fall mit, dass wir in Seenot geraten, weil der Kahn beschließt, seinen Dienst einzustellen, was wir ihm aufgrund seines Alters nicht verübeln würden. Aber solange er uns treu ist, sind wir es auch und denken keine Sekunde darüber nach, ihn gegen ein schnittiges neues Modell einzutauschen.

Unser Boot ist nicht nur besonders leise, es erzeugt auch keinerlei Dreck, was enorm wichtig ist, denn wir möchten ja im eigenen Interesse und im Interesse unserer Kinder die gute Wasserqualität erhalten. Zurück am Ufer bauen wir den Akku aus und ziehen ihn mit einer Sackkarre nach Hause, weil es am See keine Steckdosen gibt. Am nächsten Morgen ist die Batterie wieder voll und das alte Boot erneut seetüchtig.

Seit wir unsere kleine Tochter Anouk haben, sind unsere Bootsausflüge seltener geworden, denn wir möchten jede freie Minute mit ihr verbringen, bevorzugt auch am See. Das seichte Ufer ist perfekt zum Plantschen und um sie mit dem Element Wasser vertraut zu machen.

Wir Menschen können uns das Wasser zum Verbündeten machen und sogar behutsam in die Natur eingreifen, um seinen Nutzen zu erhöhen, so wie wir es auf Gut Dietlhofen mit dem kleinen Stauwerk und dem Löschweiher machen oder mit unserer Wasserfontäne, die weiter hinten auf dem Gut gegenüber dem Hofladen aus dem Boden schießt. Das Besondere daran ist, dass sie ganz ohne Pumpe auskommt. Das Wasser wird an einem höher gelegenen Punkt des Gutes unterirdisch gesammelt und fällt von dort durch ein Rohr ins Tal. Die Wasserfontäne ist exakt so hoch wie der Höhenunterschied zwischen dem Sammelpunkt des Wassers und dem Brunnen. Im Winter entstehen die tollsten Eisskulpturen, wenn der Wind das Wasser verwirbelt und die kalte Luft es gefrieren lässt. Es kommen sogar eigens Hobbyfotografen, um dieses Naturschauspiel mit der Kamera festzuhalten. Diese simple, aber höchst wirkungsvolle Idee, Wasser zu sammeln und dann zu Tal stürzen zu lassen, wird Ihnen später im Buch abermals begegnen, nämlich auf Mallorca, wo wir fünf historische Mühlen genau mit dieser alten, umweltfreundlichen Technik betreiben.

Wir Menschen haben uns jedoch leider in unserer Maßlosigkeit angewöhnt, dem Wasser zu enge Grenzen zu setzen und es damit seiner Freiheit zu berauben. Wir haben die Flüsse begradigt und kanalisiert, Dämme gebaut und die Ufer versiegelt. Das geht auf die Dauer nicht gut. Wir können einen Fluss nicht aufhalten. Wenn wir gegen ihn leben, statt mit ihm, dann wehrt er sich. Er tritt über die Ufer, wirbelt Autos wie Pingpongbälle durch die Luft und reißt ganze Häuser fort. Die Bilder solch verheerender Katastrophen kennen wir alle.

Nur knapp drei Prozent allen Wassers auf der Erde ist Süßwasser – einschließlich des Arktischen Eises und des Grundwassers. Das ist nicht viel. Die Flüsse sind daher unsere Lebensadern, denn Meerwasser können wir weder trinken noch zum Kochen oder Backen benutzen und auch nicht zum Duschen oder Zähneputzen.

Wasser ist Lebensqualität. Was es bedeutet, ohne fließendes Wasser auskommen zu müssen, haben wir in Rumänien erfahren. Wir sind den Behörden immer wieder auf die Pelle gerückt, damit Radeln an das Wassernetz angeschlossen wird. Schließlich ist es dank der Unterstützung aus der Hauptstadt Bukarest gelungen. Durch Zuwendungen zahlreicher Partner und Freunde konnten wir schließlich sogar noch Zapfstellen in jedes Haus im Dorf legen. Fließendes Wasser hilft enorm dabei, die Hygiene zu verbessern und den Lebensstandard anzuheben. Aber nicht nur das: Sich jederzeit die Zähne mit frischem Wasser putzen zu können ist ein Luxus, dessen Wert man erst ermessen kann, wenn man das Gegenteil jahrelang erlebt hat.

Auf Mallorca ist Wasser aufgrund des Klimas etwas ganz Elementares. Ohne künstliche Bewässerung wächst dort kaum etwas. Deshalb ist die wichtigste Frage, wenn man ein Grundstück kaufen möchte, die nach einem Brunnen: »Tienes agua?« »Hast du Wasser?« Lautet die

Antwort »si«, also »ja«, ist das Grundstück viel mehr wert, als wenn es dort kein Eigenwasser gibt.

Jeder Deutsche verbraucht im Schnitt rund 125 Liter Trinkwasser pro Tag. Für uns ist sauberes fließendes Wasser eine Selbstverständlichkeit, so selbstverständlich, dass wir nachlässig im Umgang mit diesem hohen Gut sind. Wenn man aber einmal eine Kläranlage besichtigt, ändert sich das schlagartig. Man kann sich kaum vorstellen, welch riesiger Aufwand betrieben werden muss, um Unrat, Lebensmittelreste, Plastikteilchen, Papier, Medikamentenrückstände, Seifen und Putzmittel aller Art aus dem Wasser herauszufiltern. Anschließend wird das geklärte Wasser untersucht, gechlort, mit Frischwasser vermischt, das aus dem Boden, aus Flüssen oder Stauseen stammt. Das klingt hier einfacher, als es ist. Zuweilen geht das geklärte Wasser auf eine 50 Kilometer lange Reise, durchläuft verschiedene Stationen, wird mehrfach gemischt und kommt dann als Trinkwasser wieder zurück.

Aufgrund des Klimawandels und des erhöhten Wasserbedarfs für Industrie, Privathaushalte, Äcker, Gärten und Plantagen sinkt unser Grundwasserspiegel weiter. Es fällt nicht genug Regen, um die Differenz auszugleichen. Ich frage mich, wie lange wir es uns noch leisten wollen oder können, mit Trinkwasser Golfplätze zu bewässern, das WC zu spülen oder den Rasen zu sprengen.

Vielleicht hat das Haus der Zukunft zwei Wasserkreisläufe, einen mit erstklassiger Wasserqualität für Küche, Dusche, Waschmaschine und einen zweiten mit geringerwertigem Wasser für die Toilette, die Heizung und den Garten. Technisch ist das längst möglich, aber aufgrund der hohen Kosten für zwei Rohrsysteme noch Zukunftsmusik.

Ich habe mir von einem Chemiker sagen lassen, dass ein Beitrag zum verantwortungsbewussten Umgang mit Wasser vor allem die niedrigere Dosierung von Spülmitteln, Waschmitteln, Putzmitteln, Duschgelen und Shampoos ist. In vielen Fällen reicht viel weniger als das, was auf den Verpackungen angegeben ist, völlig aus, denn die wenigsten von uns arbeiten unter Tage oder bei 40 Grad im Schatten auf dem Bau. Wenn Thomas auf Gut Dietlhofen Heu geschnitten oder den Traktor repariert hat, braucht er wahrscheinlich etwas mehr Seife und Waschmittel für sich und seine Arbeitskleidung als diejenigen, die zur selben Zeit im Büro gearbeitet, im Supermarkt an der Kasse gesessen oder hinter einem Bankschalter gestanden haben, erst recht, wenn es sich um klimatisierte Räume handelt. Wir alle dosieren meist viel zu hoch, weil wir denken, viel hilft viel. Das stimmt aber nicht! Überdosierung bringt nur höhere Kosten und mehr Belastung für die Umwelt. Weniger ist oft mehr als genug!

Studien belegen, dass etwa 83 Prozent des Trinkwassers weltweit voller Mikroplastik ist. Wie kommt es da rein? Laut Living Planet Index sind die Süßwasser-Arten seit 1970 bereits um 70 Prozent zurückgegangen – so viel wie in keinem anderen Lebensraum. Ein Grund ist feinstes Plastikgranulat und flüssiges Plastik in Zahnpasta und Kosmetikprodukten. Da Klärwerke diese kleinen Partikel derzeit noch nicht aus dem Abwasser herausfiltern können, wird es aus unseren Haushalten direkt in die Umwelt und die Gewässer gespült, kommt aber über unsere Wasserleitungen auch wieder in unseren Wohnungen und Häusern an. Laut einer WWF-Studie nehmen wir wöchentlich bis zu fünf Gramm Mikroplastik zu uns. Das ist so, als würden wir einmal pro Woche eine Kreditkarte essen. Keine schöne Vorstellung!

Erfreulicherweise ist bei den jüngeren Menschen das Umweltbewusstsein stärker ausgeprägt als in meiner Generation. Kürzlich beobachtete ich eine junge Frau im Supermarkt, die den Barcode auf allen Reinigungs- und Kosmetikprodukten scannte. Ich habe sie offenbar dermaßen irritiert angeschaut, dass sie mir unaufgefordert erklärte, warum sie das mache: Mit Hilfe einer App kann sie feststellen, ob die Produkte Mikroplastik enthalten. Ist das der Fall, stellt sie die Flaschen zurück ins Regal. Wenn dieses Verhalten Schule macht, werden sich die Hersteller bewegen und Alternativen entwickeln. Es scheint ein Naturgesetz zu sein, dass erst ein gewisser Druck eine neue Dynamik in Gang setzt. Hätten wir endlose Ölreserven auf der Welt und würde das Verbrennen von Öl nicht der Atmosphäre schaden, hätte sich niemand mit Windkraftanlagen, Wärmepumpen und Photovoltaik beschäftigt. Würden Transportfahrzeuge in den Innenstädten nicht die Luft übermäßig belasten, gäbe es kein Förderprogramm für die Anschaffung von Lastenfahrrädern. Ein altes Sprichwort sagt: »Not macht erfinderisch.«

Die Not zwingt uns längst zum Handeln, und glücklicherweise gibt es ermutigende Ansätze. Verschiedene Renaturierungsprojekte haben in den vergangenen Jahrzehnten gezeigt, dass sich Fließgewässer erholen können, wenn wir ihnen nicht weiterhin unseren Dreck zuführen, sondern das zurückgeben, was sie zum Leben brauchen.

Ein Beispiel ist die Ruhr. Sie ist in unserer Vorstellung ein grauer Fluss, an dessen Ufern qualmende Schlote stehen. In kaum einer anderen Region Deutschlands ist in den vergangenen Jahren allerdings so viel für Flora und Fauna getan worden wie im Ruhrgebiet. Wenn wir in Oberhausen oder Dortmund Konzerte spielen, staune ich immer, wie grün das Revier geworden ist. Die Ruhr fließt vielerorts wieder in ihrem natürlichen Bett, sodass sich viele Tiere am Ufer ansiedeln konnten und Familien zum Baden kommen.

In München wurde das Ufer der Isar an einigen Stellen abgeflacht und das Flussbett erweitert. Seitdem haben sich Kiesbänke, kleine Inseln und niedrige Becken gebildet, die vor Hochwasser schützen. Eisvögel und Stockenten haben sich hier wieder niedergelassen.

Flüsse brauchen Platz und die Möglichkeit der ungehinderten Entfaltung. Da fragt man sich: Sind Flüsse in dieser Hinsicht wie Menschen? Oder Menschen wie Flüsse?

In der Präambel der Europäischen Wasserrahmenrichtlinie heißt es: »Wasser ist keine übliche Handelsware, sondern ein ererbtes Gut, das geschützt, verteidigt und entsprechend behandelt werden muss.«

Mehr als zwei Milliarden Menschen haben keinen dauerhaften Zugang zu sauberem Trinkwasser. Vier Milliarden Menschen sind mindestens einen Monat pro Jahr von akuter Wasserknappheit betroffen. »Wasser für alle« lautet die Vision der »Viva con Agua«-Stiftung. Was mir daran besonders gut gefällt, ist die Tatsache, dass nicht nur Spenden gesammelt werden und mit kreativen Aktionen auf Großveranstaltungen über das Anliegen informiert wird, sondern eine gute Geschäftsidee erfolgreich umgesetzt wurde: Es gibt ein »Viva con Agua«-Mineralwasser, das inzwischen fast flächendeckend in Deutschland verkauft wird. 2018 waren es sagenhafte 30 Millionen Flaschen. Pro Flasche werden, je nach Größe, 5 bis 17 Cent gespendet. So werden jährlich rund zwei Millionen Euro für Wasserprojekte auf der ganzen Welt erwirtschaftet.

Ich wurde gebeten, die Initiative mit einem Werbefoto zu unterstützen. Das habe ich wirklich gern zugesagt, nicht nur, weil ich der Meinung bin, dass es ein Recht auf sauberes Wasser für jeden Menschen gibt, sondern auch, weil ich die Idee von »Viva con Agua«, Wasser zu verkaufen, um Wasser zu verschenken, richtig gut finde. Es ist ein positiver Ansatz, um etwas zu verändern. Und das finde ich noch besser, als nur zu informieren, zu kritisieren und zu mahnen.

DIE TIERE AUF DEM GUT

Von Hühnern und Bisons

▸ **DAS GEGACKER** ist schon von ferne zu hören. Bei uns geht es zu wie auf einem Hühnerhof. Kein Wunder, es ist ja ein Hühnerhof! Jedenfalls teilweise. 240 Hennen sind auf dem Gut zuhause, die vier bis fünf Eier pro Woche legen, wenn sie gut drauf sind. Unsere Hühner können sich wahrhaft glücklich schätzen, denn sie haben viel Auslauf und bekommen erstklassiges Biofutter. Ungefähr 90 von ihnen wohnen im Hühnerstall, einem Altbau mit Charme aus altem dunklen Holz. Wenn man am Bach gegen die Fließrichtung Richtung Wald geht, wird man ihn finden.

Meistens ist das Tor zu diesem Bereich des Gutes aber verschlossen: Nur angemeldete Besucher können einen Blick auf diesen idyllischen, fast verwunschenen Ort werfen. Dort wachsen auf der eingezäunten Freifläche Birken, Weiden, Wildrosen und Schlehen und geben ein schönes Bild ab. Unter den Bäumen sind die Hennen nicht der prallen Sonne ausgesetzt und vor Greifvögeln bestmöglich geschützt. So können sie ungestört ihre Sandbäder zur Gefiederpflege nehmen.

Die anderen 150 Legehennen sind Camper. Sie leben in einem ganz modernen Hühnermobil, einem Stall auf Rädern, der im Rhythmus von ungefähr zwei Wochen seinen Standort wechselt. Das ist purer Hühner-Luxus, denn die Tiere haben somit stets frisches Futter in Form von Gras, Käfern, Würmern und anderen Kleinstlebewesen. Meistens steht der mobile Hühnerstall auf einer Wiese mit bester Aussicht auf den Dietlhofer See. Was für ein Hühnerleben! Herrlich! Davon können Hennen in Käfighaltung nur träumen. Die Hühnerhaltung auf Gut Dietlhofen hat die Attribute »artgerecht«, »nachhaltig« und »ökologisch« wirklich verdient!

Unsere Bio-Eier sind übrigens braun. Jede Hühnerrasse legt ihre Eier immer in einer bestimmten Farbe, also entweder braun oder weiß. Anhand der Ohren lässt sich bereits im Vorfeld bestimmen, welche Farbe das Ei später haben wird. Hühner mit weißen Ohrscheiben legen weiße Eier, Hühner mit roten Ohrscheiben braune Eier.

Aufgrund des guten Futters und der perfekten Lebensbedingungen für die Hennen sind Eier aus Dietlhofen so lecker, dass sie sich eines reißenden Absatzes erfreuen. Da muss ich aufpassen, dass ich überhaupt jeden Tag welche abbekomme.

Gut, dass ich genau wie die Hühner ein Frühaufsteher bin! Nach meiner morgendlichen Radtour am Starnberger See fahre ich direkt zum Gut, um frische Eier für unseren heimischen Frühstückstisch zu holen. Ich könnte in Tutzing in den Supermarkt gehen und dort Bio-Eier kaufen. In 15 Minuten stünden sie fix und fertig auf unserem Frühstückstisch. Stattdessen fahre ich eine gute Viertelstunde zum Gut, ziehe den Hühnern die frischen Eier unter dem Hintern weg, riskiere, dass mir eine Henne mit ihrem spitzen Schnabel in den Finger pickt, sause zurück nach Hause.

Ich liebe dieses Ritual am frühen Morgen. Es erdet

mich und gibt mir eine gute Ausrichtung für meinen Büro- oder Studioalltag. Meistens habe ich einen engen Tagesplan mit vielen Besprechungen, Telefonterminen, der Beantwortung von E-Mails, Mitarbeitergesprächen und zahlreichen kleinen und großen Entscheidungen. Oft geht es um sehr komplexe Fragen, die keine simplen Antworten vertragen, oder um Angelegenheiten, die uns über einen langen Zeitraum beschäftigen. Manches ist wenig konkret. Die meisten Projekte ziehen sich über Monate oder sogar Jahre hin.

Auf dem Hühnerhof ist das ganz anders. Dort wird kurzfristig produziert und »just in time« geliefert. Da ist auch nichts Ansichtssache oder eine Frage des persönlichen Geschmacks wie in der Musik. Zwei Eier sind zwei Eier. Das ist sehr konkret. Darüber muss man nicht diskutieren.

Kürzlich hatten wir am Wochenende Besuch in Tutzing. Unser Gast wollte mir eine Freude machen, kaufte auf Gut Dietlhofen im Hofladen ein Päckchen Eier und schenkte es mir mit den Worten: »Dann musst du morgen früh nicht extra rausfahren.« Ich kam mir vor wie ein Kind, dem man sein Lieblingsspielzeug wegnimmt! Die morgendliche Fahrt nach Dietlhofen und das Einsammeln der Eier sind das größte Vergnügen für mich.

Ich habe kurz überlegt, wie ich reagiere, mir dann auf die Zunge gebissen und geschwiegen, weil ich nicht unhöflich sein wollte und das Geschenk in allerbester Absicht erfolgte. Und am nächsten Morgen kam ich wie immer mit meinem Korb zu meinen gefiederten Freunden, um frische Eier einzusammeln ...

Es gibt einfach Dinge, die möchte ich manchmal gern selbst machen, Schneeschippen im Winter zum Beispiel und Fegen im Sommer. Ich habe nämlich ein enormes Faible fürs Kehren. Es kann sein, dass das an meinem Sternzeichen liegt. Ich bin Jungfrau, und denen wird nachgesagt, dass sie super ordentlich seien. Das bin ich auch. So ordentlich, dass meine Mitarbeiter manchmal deswegen verzweifeln: Ich führte über alles Buch und vergäße nichts, behaupten sie. Ja, ich gehöre einfach nicht zu den Menschen, die sich auf den Zufall verlassen, sondern zu denen, die versuchen, den Überblick zu behalten, und gern Einblick ins Detail haben. Und kehren, ja, das tue ich mit Vorliebe. Egal, ob zuhause, in Dietlhofen, auf der Treppe zum Studio oder vor unserem Büro: Ich möchte, dass der Außenbereich sauber und aufgeräumt ist – und drinnen sowieso.

Meine Mutter hat immer gesagt: »Der Hof muss ordentlich aussehen.« Wenn man durch ein siebenbürgisches Dorf fährt, sieht man es heute noch: Die Leute kehren. Das ist so. Bevor man sich abends vor das Haus setzt, um sich mit den Nachbarn zu unterhalten, kehrt man vor seiner Haustür. Jeder ist bemüht, sein Grundstück in Ordnung zu halten. Ich finde das gut.

Nun ahne ich schon, was passiert: Mancher aus Familie und Bekanntenkreis wird sich denken, neue Besen kehren gut, und mir zum nächstbesten Anlass einen Besen schenken wollen. Bitte nicht! Wie bei den Eiern bin ich auch hier wählerisch. Es gibt Gummibesen, Kunststoffbesen, Reisigbesen, Kokosbesen und Rosshaarbesen, harte und weiche Borsten, Stubenbesen, Gartenbesen, Straßenbesen und Universalbesen. Ein Besen ist nicht wie der andere, und nur ein Experte kennt sich damit aus!

Man kann übrigens Blinden und anderweitig behinderten Menschen einen Dienst erweisen, wenn man Besen in einer Behindertenwerkstatt erwirbt. Die sind zwar etwas teurer, aber hier würde ich sagen, heiligt der gute Zweck die Mittel.

Es gibt wunderbare alte Fachgeschäfte für Bürsten und Besen. Dort einzukaufen macht richtig Spaß. Ich besorge das, was mir wichtig ist, in der Regel selbst – wie die Eier auf Gut Dietlhofen.

Es geht dabei ja nicht nur um die Eier. Es ist diese direkte Beziehung nicht nur zum Erzeugnis, sondern auch zum Erzeuger, die mich fasziniert, die Freude darüber, dass die Hennen mich morgens mit ihrem Gegacker begrüßen, und die spannende Ungewissheit, welche Größe die Eier haben werden, die ich nach Hause bringe. Denn die Hennen legen ihre Eier nicht in den Handelsgrößen M oder L, sondern einfach so, wie sie Lust und Laune haben. Sie akzeptieren keine Bestellungen und erst recht keine Reklamationen. Ich kann die Eier nehmen, wie sie sind, oder sie liegen lassen. Eine dritte Möglichkeit gibt es nicht.

Wie bei allen Tieren können wir auch bei unseren Hühnern keinen Druck ausüben. Wir können nichts erzwingen. Das gilt es zu akzeptieren. Das Wichtige daran ist die Einsicht, dass man nichts erzwingen kann. Wenn man die nicht hätte, würde man wahrscheinlich versuchen, die Hühner zur Akkordarbeit anzutreiben.

Für mich ist das gleichermaßen schwer wie wohltuend, weil ich eigentlich ein sehr ungeduldiger Mensch bin, der möchte, dass alles schnell geht. Warten ist überhaupt nicht mein Ding. Das ist den Hühnern aber egal. Sie zwingen uns dazu, uns in Geduld und Gelassenheit zu üben, was mir selbst zugegebenermaßen manchmal durchaus guttut.

Zuhause in Kronstadt hielten viele Leute Hühner. Sie hatten Ställe und einen kleinen Auslauf im Hof. Schon damals fiel mir auf: Hühner leben in einer streng hierarchisch strukturierten Gesellschaft mit einer Hackordnung. Die ranghöheren Hühner haben die besten Schlafplätze und dürfen zuerst an die Trinkstelle. Im Gegenzug übernehmen sie aber auch mehr Pflichten, beispielsweise in der Gefahrenabwehr. Sie schlagen den lautesten Alarm und versuchen auf diese Weise, ihre Artgenossen vor Gefahren zu warnen. Ranghöhere Hühner sind meistens kräftiger und sichern auf diese Weise den Bestand ihrer Art. Die Vorteile einer einmal ausgefochtenen und von allen Hühnern akzeptierten Hackordnung liegen auf der Hand: klare Strukturen und feste Zuständigkeiten! Das reduziert Streitigkeiten auf ein Minimum. Keine Personaldebatten, keine Querelen: Die Hennen konzentrieren sich auf ihren Job, also aufs Eierlegen. Das wünsche ich mir manchmal für unseren Laden: Arbeitsbeginn – und ab dann volle Konzentration auf die Sache.

Wussten Sie eigentlich, dass die Bauern früher ihren Lebensrhythmus nach den Hühnern ausgerichtet haben? Hühner besitzen eine innere Uhr. Sie ziehen sich vor Einbruch der Dämmerung in den Stall zurück. Dementsprechend sind sie bei Sonnenaufgang ausgeschlafen und putzmunter.

Früher verhielten sich die Menschen ähnlich. Es war viel zu anstrengend für die Augen, im gelblichen Licht einer Petroleumlampe oder bei Kerzenschein zu lesen oder Strümpfe zu stopfen. Außerdem waren vor allem Kerzen etwas ganz Besonderes und sehr teuer. Man ging deshalb mit den Hühnern zu Bett und stand bei Sonnenaufgang mit ihnen wieder auf. Das war eine sehr gesunde, der Natur angepasste Lebensweise.

Wenn wir Gäste auf Gut Dietlhofen beherbergen und ich sie morgens frage, ob sie gut geschlafen hätten, lautet die Antwort häufig: »Eine himmlische Ruhe herrscht hier – bis der Hahn um kurz nach fünf kräht! Da war ich wach!« Ich kann mir dann ein Grinsen nicht verkneifen. Ich finde es einfach klasse, dass der Hahn entscheidet, wann der Tag auf dem Hof anbricht, und nicht der Mensch. Auch hier gilt die Erkenntnis: Man kann es nicht ändern. Die einzige Möglichkeit, länger zu schlafen, ist die, früher ins Bett zu gehen.

Aber natürlich kräht der Hahn nicht, um die Menschen aus dem Schlaf zu reißen, sondern um die Hühner zu wecken, denn der Hahn ist der Wächter auf dem Hühnerhof. In der Bibel heißt es, ehe Jesus von Petrus verleugnet worden sei, habe ein Hahn drei Mal gekräht. Seither gilt das Tier in der christlichen Symbolik als Sinnbild für Wachsamkeit und ziert viele Kirchtürme.

Sie alle kennen die Redensart: »Da lachen ja die Hühner.« Das bedeutet, etwas ist dermaßen blöd, dass sogar die dummen Hühner gackern. Wer auch immer verbreitet hat, dass Hühner dumm sind, der irrt. Wissenschaftler haben herausgefunden, dass Hühner es hinsichtlich ihrer Intelligenz durchaus mit Hunden und Katzen aufnehmen können. Früher hatten die Binnenschiffer auf ihren Reisen Hühner an Bord. In den Häfen sind die Tiere draußen umhergelaufen. Wollten die Kapitäne ablegen, haben sie einfach nur den Motor angelassen. Die Hühner erkannten ihr Schiff am Motorengeräusch und liefen eilig an Bord. Sie sind also wirklich nicht so dumm, wie man immer sagt, und besitzen offenbar ein sehr gutes Gehör.

Es gibt Leute, die behaupten, dass Hühner auf Musik positiv reagieren würden. Ich kann das weder bestätigen noch dementieren, denn ich muss zugeben, dass ich bei Konzerten, die wir in Dietlhofen veranstaltet haben, keine besondere Resonanz auf dem Hühnerhof feststellte. Vielleicht bevorzugen unsere Hennen Klassik? Ich werde das im Auge behalten!

Das alles klingt, als sei ein Hühnerstall das reinste Paradies. Das täuscht. Die Natur ist leider nicht immer romantisch und friedlich, sondern manchmal auch brutal. Wir alle kennen das Kinderlied »Fuchs, du hast die Gans gestohlen ...«. Füchse sind die natürlichen Feinde allen Federviehs. Glücklicherweise treten die Hühner ihre Nachtruhe an, bevor der Fuchs so richtig munter wird. Deshalb kommt es nicht so oft zu Begegnungen von Fuchs und Hühnern, wenn aber doch, dann hat für eines der Hühner die letzte Stunde geschlagen.

Allerdings haben auch Menschen Hunger und werden irgendwann vom Freund der Hühner zu deren Henker. Landwirtschaftliche Betriebe sind keine Zoos und halten Tiere nicht in erster Linie, um sich daran zu erfreuen, sondern um Nahrungsmittel zu erzeugen. Eine Hofstelle ist nichts anderes als ein kleines Geschäft. Es muss gute Qualität anbieten, kostenbewusst produzieren, die Preise richtig kalkulieren, seine Waren bei der passenden Zielgruppe anpreisen und ein Gefühl für die Kundenwünsche entwickeln. Dann überlebt der Betrieb. Andernfalls nicht. Der Bäcker um die Ecke macht das so, der Metzger, der Gärtner und wir auch. Unsere Produkte sind Lebensmittel aus Bioproduktion, pflanzliche und eben auch tierische.

Im Tierschutzgesetz heißt es: »Niemand darf einem Tier ohne vernünftigen Grund Schmerzen, Leiden oder Schäden zufügen.« Das gilt im Leben und im Sterben. Schon lange stehen deshalb Lebendtiertransporte in weit entfernte Länder in der Kritik, vor allem, wenn es sich nicht um Zuchttiere, sondern um Schlachtvieh handelt. Nicht selten sterben Tiere schon während des Transports. Bei Geflügeltieren ist eine gewisse Sterberate fest einkalkuliert. Sie wird als »Death on arrival«, also »Tod bei der Ankunft« bezeichnet.

Aus meiner Sicht sollte man zumindest Transporte zu Schlachthöfen in weit entfernte Länder wie Ägypten oder Marokko verbieten. Welchem Stress setzt man die Tiere aus, wenn man sie Tausende Kilometer in einem LKW transportiert, nur um sie billiger zu schlachten! Die Kreatur so zu misshandeln, dazu muss man schon sehr abgebrüht sein. Auch bei der Tötung von Tieren sollte deren Würde nicht missachtet werden und der Respekt vor dem Lebewesen Vorrang vor Gewinnmaximierung haben. Das Veterinäramt im bayerischen Landshut spielt eine Vorreiterrolle, wenn es darum geht, diesem Treiben ein Ende zu bereiten und keine Tiertransporte mehr in weit entfernte Länder zu genehmigen.

Längst gibt es mobile Schlachthäuser, die direkt auf den jeweiligen Bauernhof fahren und die Tiere vor Ort schlachten, um deren Stress zu reduzieren.

Auf Gut Dietlhofen läuft das selbstverständlich so ab. Alle Nutztiere werden auf dem Hof geschlachtet.

Ich habe großen Respekt vor jedem Menschen, der sich vegetarisch oder vegan ernährt, weil dem eine Konsequenz und eine sehr selbstlose Einstellung zugrunde liegen. Verzicht imponiert mir immer, weil Verzicht und Bewusstsein viel miteinander zu tun haben. Es ist einfacher, zu nehmen, was man bekommen kann, als freiwillig »nein« zu sagen oder: »Das brauche ich nicht.« Ich selbst bin ein Durchschnittsesser: viel Grünzeug, hier und da Fleisch, aber wenig Kohlenhydrate.

Als wir früher auf unserer Finca in Spanien Tiere geschlachtet haben, war ich in Sorge, dass Yaris im Alter von fünf oder sechs Jahren die Bilder und Eindrücke nicht verkraftet. Zu meiner Überraschung war er ganz cool: »Papa«, sagte er, »wer Fleisch essen will, muss bereit sein, Tiere zu töten.« Da war ich platt. Denn Yaris hat ein großes Herz und ist sehr empathisch. Dass mein kleiner Junge ein Idealist, aber kein Träumer ist, hat mich sehr nachdenklich gemacht.

Ich finde es ignorant und realitätsfern, wenn diejenigen, die gern Steaks, Bratwurst, Hühnerfrikassee oder Chicken Nuggets essen, nichts davon wissen wollen, dass dafür Rinder, Schweine und Hühner gefüttert, aufgezogen und geschlachtet werden. Auch unsere Hennen sind Nutztiere und enden eines Tages als Suppenhühner. Daran gibt es nichts zu beschönigen. So zu tun, als unterhielten wir einen Gnadenhof für Tiere, wäre verlogen. So ist es nicht. Menschen, die Fleischwaren nur küchenfertig portioniert und in Folie verpackt aus Supermärkten und lebende Tiere vornehmlich aus dem Fernsehen oder aus Tierparks kennen, können sich möglicherweise schwer vorstellen, dass Tierliebe und Nutztierhaltung kein Widerspruch sind. Das eine schließt das andere aber nicht aus.

Wir tun alles, um unseren Tieren ein gutes Dasein zu ermöglichen. Unsere Bisons leben nicht in Ställen, sondern in freier Natur auf einem relativ großen Gelände mit Wiesen und Wald, das sich von der Zufahrt zum Gut bis weit hinauf auf den Hügel erstreckt. Oft ziehen sie sich in die entlegenen Ecken ihres Reviers zurück, und wir sehen sie tagelang nicht. Sogar den Fototermin für dieses Buch haben die Bisons geschwänzt. Thomas, unser Landwirt, hat den Fotografen und mich dann mit dem Trecker ins Gelände gefahren, so dass wir – mit gebotenem Abstand – doch noch Aufnahmen von den schönen Tieren machen konnten.

Weil die Bisons einen vom Menschen weitgehend losgelösten Lebensrhythmus haben, können wir sie nicht ständig im Auge behalten, geschweige denn ihnen Namen geben, wie es die Bauern mit Hausrindern machen. Das wäre auch nicht Sinn der Sache, denn Bisons sind Wildtiere. Bisons bevölkerten früher zu Hunderttausenden die Prärie und die Wälder Nordamerikas und legten auf der Suche nach Futter riesige Entfernungen zurück. Sie sind robust und widerstandsfähig und leben auf sich allein gestellt. Unsere Bisons werden im Winter von Menschenhand mit Heu gefüttert, weil die räumlichen und klimatischen Bedingungen in Deutschland andere sind als in Kanada oder Nordamerika.

Solange es genügend Futter gibt, respektieren sie die Weidezäune als Grenze und würden diese niemals durchbrechen und das Weite suchen. Sie entwickeln mit der Zeit eine gewisse Nähe zu ihren Betreuern, mögen aber überhaupt keinen Umgang mit Fremden und erst recht keinen Körperkontakt. Sie können blitzschnell aggressiv werden, wenn ihnen jemand zu nahe kommt. Deshalb haben wir an den Zäunen große Tafeln angebracht, auf denen steht: »Abstand halten! Zutritt zur Weidefläche für Unberechtigte verboten!«

Als ich das erste Mal nach Dietlhofen kam, habe ich nicht schlecht gestaunt, als ich links des Weges hinter dem Zaun plötzlich die Bisons entdeckte. Bisons in Bayern? Ich hatte keine Ahnung, dass es die dort gibt, und war auf Anhieb total begeistert, denn ich hatte schon einmal eine intensive Begegnung mit diesen archaischen, stolzen Tieren: Vor gut zehn Jahren war ich durch einen Freund in ein Kulturprojekt für die Lakota-Indianer involviert, genauer: in den Aufbau einer Sprachschule im Pine Ridge Reservat in South Dakota. Dort sollten die Kinder die vom Aussterben bedrohte Sprache ihres Stammes erlernen.

Dieser Freund hieß Leonard Little Finger – ein unglaublicher Mensch! Er war Indianer und Pädagoge. Ich lernte ihn über das Musikprojekt »Begegnungen« kennen, das mich Ende der 1990er Jahre rund um den Globus führte. Die Idee war, gemeinsam auf die Probleme von Kindern in aller Welt aufmerksam zu machen und Geld für verschiedene Projekte zu sammeln. Wir lebten ein paar Tage im Reservat der Lakotas, um ihre Kultur, ihre Traditionen und ihre Lebensweise besser kennenzulernen. Ich verspüre eine große Nähe zur indianischen Kultur, Leonard hat mich in seinen Clan aufgenommen – das war kein Hokuspokus, sondern ein traditioneller, ernsthafter Vorgang. Mein allererstes Tattoo war übrigens ein Rabe, in der indianischen Kultur eines der wichtigsten Tiere. Der Rabe hat mit Veränderungen und Wandel in der Gesellschaft zu tun. Ein Wanderer und Bote zwischen den Welten, ein magisches Tier.

Bei den Lakotas sah ich erstmals Büffelherden und lernte einiges über die Bedeutung der Bisons als Lebensgrundlage und wichtigste Nahrungsquelle für die Prärieindianer. Die Tiere lieferten ihnen fast alles, was sie zum Leben brauchten: Fleisch für die Ernährung, Knochen, um Werkzeuge oder Waffen daraus herzustellen, Felle als warme Decken für die Tipis und für Winterkleidung sowie Häute, aus denen Sohlen für Mokassins genäht werden konnten. Hufe und Hörner wurden als Gefäße im Haushalt verwendet. Wenn sie ein Tier erlegten, dankten die Indianer ihm dafür, dass es ihnen ermöglichte, ihren Stamm über die nächste Zeit zu bringen. Es war für sie eine Frage des Respektes vor dem toten Tier, alles zu verwerten, was es den Menschen schenkte.

Die Indianer verehren die Bisons als heilige Tiere, weil sie in ihren Augen vollkommen sind. Vollkommener als der Mensch, denn die Indianerstämme konnten ohne Bisons nicht überleben, die Bisons aber ohne die Indianer.

Ungefähr 60 Millionen Tiere waren bis zum Ende des 17. Jahrhunderts in weiten Teilen des Kontinents zwischen Alaska und Mexiko beheimatet. Mit der Ankunft der europäischen Siedler, die die Bisons jagten und töteten, um den Indianern die Lebensgrundlage zu entziehen und sie so von ihrem Land zu vertreiben, wurden die Bestände allmählich so dramatisch reduziert, dass im 19. Jahrhundert nur etwa 1000 Exemplare übrig blieben. Die toten Tiere wurden nicht etwa verwertet, man ließ ihre Kadaver zu Hunderttausenden einfach in der Steppe liegen. Das war ein grausames und sinnloses Verbrechen an den Tieren und den Menschen! Die Indianer trauerten um die heiligen Tiere und besangen das sinnlose Abschlachten in sehr melancholischen Liedern. In sprichwörtlich letzter Minute begann man Anfang des 20. Jahrhunderts mit der Aufzucht einer neuen Herde im Yellowstone Nationalpark. Heute existieren wieder zahlreiche Herden, die unter strengem Schutz stehen.

Mitte des 20. Jahrhunderts kamen Farmer in den USA dann auf die Idee, Bisons als Nutztiere zu halten. In Deutschland passierte das erst in den 1970er Jahren.

Aus der Begegnung mit den Lakotas habe ich sehr viel mitgenommen, und dazu gehört auch die Liebe zu den Bisons. Man kann es als weit hergeholt empfinden oder nicht, aber als ich zum ersten Mal auf das Gut fuhr und die Büffelherde sah, ging in meiner Erinnerung ein Fenster auf, das eine Weile verschlossen war. Ich dachte, das kann kein Zufall sein: bedrohte Völker, bedrohte Tierarten, bedrohte Kinderseelen. Das hier ist der richtige Platz für unsere Stiftung und ein neues Tabalugahaus, in dem traumatisierte Kinder eine Auszeit erleben können. Für mich schloss sich in diesem Augenblick ein Kreis. Ich habe sofort gespürt, dass Gut Dietlhofen der perfekte Ort für ein Lebenskonzept ist, in dem Menschen und Tiere ihren Platz haben und die Natur den Rahmen dafür bildet.

Die ersten Bisons auf Gut Dietlhofen wurden 2011 von einem Züchter erworben, der seine Stammherde 1995 direkt aus Kanada eingeführt hatte. 2012 gab es bereits den ersten Nachwuchs. Inzwischen ist unsere Herde auf knapp 50 Tiere angewachsen. Mehr sollen es nicht werden, sonst würde unser Gelände nicht reichen. Die Tiere brauchen viel Platz.

Die Jungtiere kommen alljährlich Ende Mai bis Ende August zur Welt und haben zunächst ein viel helleres Fell als ihre Mütter. Nach ungefähr sechs Monaten nimmt es die für Bisons typische schwarz-braune Farbe an. Es empfiehlt sich dringend, zu Tieren, die Junge zur Welt gebracht haben, maximalen Abstand zu halten. Bisonkühe sind sehr wachsam und gehen auf alles los, was aus ihrer Sicht den Kälbchen gefährlich werden könnte. Bisons sind Wiederkäuer und ernähren sich von Gras und Heu, aber sie mögen auch Äpfel und Kräuter aller Art. Sie sind imstande, sehr schnell zu laufen, bis zu 50 Stundenkilometern, und sie schaffen aus dem Stand einen Sprung von zwei Metern. Doch wenn es dafür keinen Grund gibt, sind sie lieber faul und verbringen ihre Zeit mit Fressen, Ausruhen und Körperpflege. Dazu reiben sie sich an Bäumen oder wälzen sich auf dem Boden.

Wir versuchen, mit unserer Zucht einen Beitrag zum Erhalt dieser Spezies zu leisten und den Tieren artgerechte Bedingungen zu bieten, also eine Umgebung zu schaffen, die sich an ihren ursprünglichen, natürlichen Lebensbedingungen orientiert. Unsere Herde ist eine von nur etwa 25 in Europa und eine der ganz wenigen, die nach den Kriterien der Biolandwirtschaft gehalten wird. Auch wenn Bisons genügsame Tiere sind, so ist die Aufzucht insgesamt doch aufwendig und verursacht erhebliche Kosten. Während das Landwirtschaftsministerium in Bayern den Bauern für die Haltung gefährdeter einheimischer Rinderrassen eine finanzielle Unterstützung gewährt, bekommen wir für unsere Bisons keinen Cent.

Wir sind bemüht, unseren Aufwand durch den Verkauf von Fleisch und Fellen zu refinanzieren. Dafür wird ab und zu ein Bulle auf der Weide, also in seiner gewohnten Umgebung, von einem Jäger aus der Herde heraus geschossen, was die anderen Tiere übrigens regungslos hinnehmen. Das überraschte mich zunächst sehr. Ich habe mir von einem Förster erklären lassen, dass das bei Wildtieren üblicherweise so ist. Das liegt nicht daran, dass die Tiere gleichgültig wären, sondern vielmehr daran, dass der Tod in der Natur natürlich ist.

Wildtiere konnten sich außerdem ein Urvertrauen ins Leben bewahren. Tiere in Ställen, die gemästet werden, zu wenig Auslauf haben oder anderweitig von Menschenhand ihrer natürlichen Lebensart beraubt werden, sind gestresst, ängstlich, schreckhaft und hysterisch. Wildtiere sind hingegen tief entspannt, weil sie nicht der ständigen Beeinträchtigung und Bedrohung durch den Menschen ausgesetzt sind. Selbst wenn ein Tier aus ihrer Herde getötet wird, nehmen sie das sozusagen nicht »persönlich«. Anders als die traumatisierten Tiere in der Massentierproduktion kommt ein Wildtier gar nicht auf die Idee, dass es selbst der nächste Todeskandidat sein könnte.

Natürlich tut es uns allen in der Seele weh, wenn ein Bisonbulle zur Schlachtung ausgesucht wird. Auf der anderen Seite wissen wir, dass er ein tolles Leben hatte und alle anderen nur weiterexistieren können, wenn einer sterben wird. Denn wir sind ja auch unabhängig von unserer Fleischvermarktung gezwungen, die Stärke der Herde so zu regulieren, dass sie zu unserer Fläche passt. Die Förster und Jäger machen das mit den Rehen und Hirschen im Wald genauso. In dicht besiedelten Ländern wie Deutschland gibt es dazu keine Alternative. Das Rot- und Damwild würde aus Mangel an Futter sämtliche jungen Triebe und nachwachsenden Bäume abknabbern und damit langfristig unsere Wälder vernichten. Der sogenannte Wildverbiss ist in manchen Regionen Deutschlands ein großes Problem, dem die Förster dadurch begegnen, dass sie junge Aufforstungen einzäunen. Das ist allerdings sehr aufwendig und oft nicht einmal von Erfolg gekrönt, wenn die Tiere die Zäune niedertrampeln.

Tiere brauchen genauso wie Menschen Platz, um sich zurückzuziehen, Wildtiere umso mehr. Bei den Hofführrungen, die Thomas anbietet, können unsere Besucher viel darüber erfahren. Sie werden im Rahmen des Rundgangs auch die Pferde kennenlernen: Eines gehört Thomas und seiner Familie, zwei sind Pensionspferde von Reitern aus Nachbargemeinden, die bei uns Kost und Logis gegen Entgelt bekommen, und die beiden fröhlichen Ponys gehören unserer Stiftung. Eine Frau aus einem Nachbarort hat sie uns geschenkt. Ihre Kinder waren erwachsen geworden, hatten das Interesse an den Tieren verloren und sie stark vernachlässigt.

Die Tiere waren in einem furchtbaren Zustand: die Mähne zerzaust, das Fell matt und schmutzig. Unsere Tierärztin stellte fest, dass sie an Hufrehe erkrankt waren, einer schmerzhaften Entzündung der Huflederhaut. Die Hufkapsel löst sich dabei von der Lederhaut ab. Diese Erkrankung muss sofort behandelt werden, denn im schlimmsten Fall verlieren die Tiere ihre Hufe. Die Ponys mussten deshalb zunächst über längere Zeit immer wieder tierärztlich versorgt werden.

Dank täglicher Pflege von Carolas und Thomas' Tochter Salomé sind schließlich aus diesen struppigen, verwilderten Ponys richtig schöne Tiere mit glänzendem Fell geworden, die jetzt ihre Altersruhe bei uns genießen, denn schließlich sind die beiden, so schätzt man, schon an die 30 Jahre alt.

Heute erfreuen sich unsere Ferienkinder an ihnen und die Gäste im Hofcafé, die draußen ihren Kaffee trinken. Ponys sind sehr neugierige Tiere. Sie laufen gleich zum Gatter, damit ihnen nichts entgeht, sobald ein Gast mit seiner Kaffeetasse Platz genommen hat. Wenn sie könnten, würden sie bis zum Kuchenbuffet vorstoßen und ihre Nase in die Sahne stecken.

Als wir die verwahrlosten Ponys bekamen, stellte ich mir erneut die Frage, wann es sinnvoll ist, Tiere für den privaten Rahmen anzuschaffen. Manchmal steckt eine gute Absicht dahinter, aber einige Leute sind dann doch überrascht, wie viel Zeit und Aufmerksamkeit ein Tier beansprucht, und fühlen sich über kurz oder lang mit der Pflege überfordert. Jedes Jahr nach Weihnachten und vor den Sommerferien liest man in der Zeitung, dass Tausende Tiere am Straßenrand ausgesetzt oder in Tierheimen abgegeben wurden.

Ich mag Haustiere, ganz besonders Hunde. In meiner Kindheit war Dudasch, der struppige Hund eines befreundeten Försters, mein Spielkamerad. Auf Mallorca haben wir immer Hunde gehalten. Manchmal waren es vier, manchmal elf. Wir besaßen unter anderem zwei reinrassige Ca de Bestiar und einige Border Collies, aber darüber hinaus vorwiegend Mischlinge, die wir aus Tierheimen oder von Tötungsstationen geholt haben. Wenn eine unserer Hündinnen Nachwuchs zur Welt brachte, behielten wir meistens den ganzen Wurf. Wer wollte schon einen Mischling bei sich aufnehmen? Kaum jemand. Deshalb schwankte die Anzahl der Hunde auf unserer Finca stark.

Aufgrund der Überpopulation sieht ein spanisches Gesetz vor, dass Tiere nur drei Wochen in einem Tierheim verbleiben dürfen. Wenn sich bis dahin niemand gefunden hat, der sie zu sich nimmt, werden sie getötet. Das ist auch der Grund dafür, dass spanische Tierheime versuchen, die Tiere nach Deutschland zu vermitteln. Allerdings ist das keine Lösung, sondern nur eine Verlagerung des Problems, denn die Tierheime in Deutschland platzen ebenfalls aus allen Nähten und suchen händeringend neue Besitzer für ihre Vierbeiner.

In Tutzing haben wir kein Haustier. Ich habe mich bewusst dagegen entschieden, denn ich bin viel unterwegs und habe wenig Zeit, sodass es egoistisch und verantwortungslos wäre, etwa einen Hund anzuschaffen. Ich arbeite seit vielen Jahren mit der Tierrechtsorganisation Peta zusammen, beispielsweise 2012 im Rahmen einer Protestaktion gegen grausame Hundetötungen in der Ukraine oder bei der Forderung nach einem EU-weiten Verbot von Legebatterien in der Hühnerhaltung.

Peta ersucht alle Menschen, die bereit sind, ein Haustier bei sich aufzunehmen, es nicht in einem Zoofachgeschäft oder bei einem Züchter zu kaufen, sondern sich im Tierheim umzusehen. Dort warten unzählige Tiere vergebens auf ein neues Zuhause. In der wunderbaren Erzählung »Der kleine Prinz« von Antoine de Saint-Exupéry heißt es: »Du bist zeitlebens für das verantwortlich, was du dir vertraut gemacht hast.« Wenn das unser aller Leitsatz für den Umgang mit Tieren wäre, dann wäre viel gewonnen. Dann wären die Ponys bereits zu uns gekommen, bevor sie vernachlässigt wurden.

Wer tierlieb ist, aber kein eigenes Tier anschaffen kann oder möchte, muss deshalb nicht auf die Gesellschaft eines Vierbeiners verzichten. Tierheime freuen sich über Personen, die mit Hunden spazieren gehen, ihnen Zuwendung schenken und Bewegung und Auslauf ermöglichen. Gerade für alleinstehende und einsame Menschen sowie für Familien mit Kindern ist das eine tolle Möglichkeit, sich selbst und den Tieren einen Gefallen zu tun.

Der Umgang mit Tieren ist für Kinder sehr lehrreich. Sie lernen dadurch, Verantwortung zu übernehmen und Empathie für ein Lebewesen zu entwickeln. Mein Sohn Yaris hat manches Tier auf unserer Finca mit der Flasche großgezogen, zum Beispiel das Schweinchen Schröder. Schröder hörte später sogar auf seinen Namen, wenn Yaris nach ihm rief. Es war ein Streichelschweinchen, wie ich es mir auch für die Kinder wünsche, die im Tabalugahaus auf Gut Dietlhofen Ferien machen.

Gerade diese Kinder können in besonderer Weise vom Kontakt zu Tieren profitieren. Tiere beurteilen Menschen nicht danach, ob sie gesund oder krank sind, ob sie aus gutem Elternhaus oder aus prekären Verhältnissen stammen, sondern lediglich danach, ob sie von einem Menschen ehrlich gemeinte Zuwendung bekommen. Das ist für die Kinder eine ganz neue, sehr schöne Erfahrung. Bei manchen Kindern fließen die Tränen, weil die Nähe zu einem Tier ihnen so guttut. Aggressive Kinder seien nach einem Besuch bei den Pferden und therapeutischem Reiten wesentlich sanftmütiger, berichten uns deren Betreuer. Kinder lernen im Umgang mit Tieren, Verantwortung für die pünktliche Fütterung oder die tägliche Pflege zu übernehmen, und entwickeln mehr Respekt vor allem, was lebt und atmet.

Da aber weder unsere Hennen noch die Bisons Kuscheltiere sind, haben wir uns entschieden, einen Streichelzoo anzulegen. Eine Eselfamilie, Kaninchen, einen

Ziegenbock und vier Alpakas haben wir bereits. Und selbstverständlich gehören auch unsere beiden Ponys dazu. Eines Tages, und darauf freuen Hendrikje und ich uns schon, wird unsere kleine Tochter Anouk mit den anderen Kindern toben und spielen und die Tiere im Streichelzoo versorgen.

GESUNDE ERNÄHRUNG

Besinnung auf das Eigentliche

▶ **DER DALAI LAMA** wurde einmal gefragt, was ihn immer wieder am meisten überrasche. Seine Antwort lautete: »Der Mensch, denn er opfert seine Gesundheit, um Geld zu machen. Dann opfert er sein Geld, um seine Gesundheit wiederzuerlangen.«

Bei uns auf Gut Dietlhofen können Sie Geld ausgeben, um gesund zu bleiben. Denn für die Gesundheit spielt die Ernährung bekanntermaßen eine große Rolle. Die Lebensmittel, die Sie auf dem Gut einkaufen, sind frisch und garantiert frei von Chemie. Das sieht man, und das schmeckt man.

Für mich persönlich hat gesunde Ernährung einen sehr hohen Stellenwert. Deshalb betreiben wir einen Bio-Bauernhof und keinen konventionellen Betrieb. Es geht um uns alle und um die Frage: Wie werden wir in Zukunft leben? Was ist uns wichtig? Wie werden wir die Weltbevölkerung heute und in Zukunft ernähren können, ohne unsere Pflanzen und Insekten mit Pestiziden zu vergiften oder unsere Böden weiter so auszulaugen, dass der Nährstoffgehalt gegen null geht?

Unser Gemüsefeld liegt direkt am Eingang zum Gut. Es bietet vom Frühsommer bis in den späten Herbst eine große Vielfalt an leckeren, vitaminreichen Salaten und Gemüsesorten. Hier ist die ideale Fläche, um Gemüse anzubauen, nicht nur, weil der Boden gut und fruchtbar ist, sondern vor allem, weil das Feld direkt am Weg liegt. Unser Wunsch ist ja, dass die Kunden ihr Gemüse selbst ernten. Dazu ist es notwendig, dass der Acker leicht zugänglich ist. Selbstverständlich kann man Salat und Gemüse auch im Hofladen kaufen, aber »Selbst ernten frisch vom Feld« bietet aus unserer Sicht noch mehr Qualität und ein perfektes Natur- und Einkaufserlebnis.

Je nach Jahreszeit bieten wir verschiedene Blattsalate an, Kräuter wie Dill, Petersilie und Schnittlauch, zwei Sorten Zwiebeln und jede Menge Gemüse, darunter Mangold, Kohlrabi, Steckrüben, Rotkohl, Weißkohl, Spitzkraut, Buschbohnen, Rote Beete, Gelbe Beete, Zucchini, Kürbisse, Lauch und Fenchel. Im Gewächshaus gedeihen Tomaten und Gurken. Da das Gemüsefeld etwas niedriger liegt als der Weg, hat man von dort einen tollen Blick über die gesamte Fläche, die im Frühsommer wie ein Teppich mit Querstreifen in vielen verschiedenen Gelb- und Grüntönen aussieht.

Die Gemüsekultur erfreut sich großer Beliebtheit. Meistens sind die erntereifen Sorten im Nu verkauft, so dass wir mit einer Erweiterung der Anbaufläche liebäugeln. Richtung Dietlhofer See hätten wir noch viel Platz, auch für ein weiteres Gewächshaus. Vorigen Sommer sagte Thomas: »Wir haben keine Tomaten für den Hofladen.« »Um Gottes willen«, dachte ich, »die Tomatenernte fällt aus. Woran mag das liegen? Haben wir eine falsche Sorte ausgesucht oder einen schlechten Standort gewählt?« Es stellte sich aber heraus, dass Thomas damit sagen wollte: Die Leute ernten, sobald die Früchte annähernd reif sind, direkt im Gewächshaus. Die Kunden im

Laden gehen deshalb leer aus ... Die Nachfrage ist also oft viel größer als das Angebot. Die Corona-Krise hat das Bewusstsein für ausgewogene, gesunde Ernährung und die Vorteile frischer, regionaler Produkte zusätzlich geschärft. Das Einkaufen beim Erzeuger ist beliebter denn je. Auch wir haben viele neue Kunden gewonnen.

Deshalb wäre ein zweites Gewächshaus schön. Das jetzige ist etwa 20 Meter lang und hat die Form eines Tunnels, ist also halbrund. Man kann an den niedrigen Seiten keine Pflanzen setzen, die eine gewisse Höhe erreichen wie eben Tomaten, deren Stauden gut und gerne zwei Meter hoch werden, wenn sie können. Bei uns können sie es eben nicht. Für unsere Mitarbeiter ist die Arbeit an den niedrigen Stellen eine echte Herausforderung, weil sie nur gebückt verrichtet werden kann. Wenn wir in ein neues Gewächshaus investieren, dann wären eine automatische Lüftung und eine automatische Bewässerung sinnvoll, denn das Öffnen und Schließen der Lüftungsklappen und die Handarbeit beim Gießen sind aufwendig. Die Vorzüge der Automation liegen auf der Hand, die Anschaffungskosten steigen dadurch aber erheblich.

Der Anbau von Gemüse bringt eine Menge Arbeit mit sich. Diese könnten wir allein gar nicht bewältigen. Wir müssten weitere Mitarbeiter einstellen. Das würde zu einem deutlichen Preisanstieg führen, was wir vermeiden möchten, denn unsere Produkte sollen möglichst erschwinglich sein. Derzeit kosten ein Salatkopf etwa 2 Euro, ein Bund Kräuter 2,50 Euro und sechs Stangen Mangold 1 Euro.

Deshalb freuen wir uns über eine Kooperation im Gemüseanbau mit der Herzogsägmühle, einer Einrichtung der Diakonie in Peiting, etwa 25 Kilometer von Dietlhofen entfernt, nahe der Stadt Schongau. Den Namen muss ich für alle, die nicht in Oberbayern zu Hause sind, erklären.

In der zweiten Hälfte des 15. Jahrhunderts betrieb der bayerische Herzog Christoph der Starke zwischen Peiting und Schongau eine Sägemühle, also eine Mischung aus Mühle und Sägewerk. Das Wasser des Mühlbachs brachte ein Mühlrad in Schwung, das eine Holzsäge antrieb. Rund um die Mühle entstand ein Dorf, das den Namen Herzogsägmühle trägt. Heute ist der Flecken eine offene Dorfgemeinschaft der Diakonie, wo hilfsbedürftige Kinder, Jugendliche und Erwachsene ein Zuhause haben, die durch Krankheiten, Behinderung oder nicht verkraftete persönliche Ereignisse in eine Krise geraten sind. Sie finden dort eine schützende Umgebung und Arbeitsplätze, die der jeweiligen Situation und dem Leistungsvermögen des Einzelnen entsprechen. Die diakonische Einrichtung nennt sich so, wie das Dorf zuvor hieß: Herzogsägmühle.

Die Herzogsägmühle stellt uns ihr Know-how und ihre langjährige Erfahrung im ökologischen Gemüseanbau zur Verfügung und bewirtschaftet unseren Acker in Dietlhofen. Die Saat wird zunächst in Gewächshäusern und Frühbeeten der Herzogsägmühle ausgebracht. Die jungen Pflanzen ziehen nach Dietlhofen ins Freiland um, sobald es keine Nachtfröste mehr gibt, also im Mai. Ab dann kommt zweimal pro Woche eine Gruppe junger Männer, um das Feld unkrautfrei zu halten. In der Zwischenzeit kümmert sich Thomas darum, dass die

Pflanzen genügend Wasser bekommen und – ganz wichtig – dass der feinmaschige Zaun um die Anpflanzungen keine Löcher hat oder von Kaninchen untertunnelt wird. Wir finden Kaninchen niedlich, aber nicht auf unserem Gemüsefeld! Wildkaninchen können eine echte Plage sein, denn was uns Menschen schmeckt, mögen sie dummerweise auch. In Windeseile buddeln, wühlen und fressen sie über Nacht das liebevoll angelegte Beet skrupellos leer. Die kleinen Wilderer muss man sich also unbedingt vom Hals halten, sonst war die ganze Arbeit vergebens.

Wenn im Juni das Tor zum Beet geöffnet wird und Thomas eine Tafel mit den aktuellen Preisen aufstellt, dann lassen die Kunden nicht lange auf sich warten. Sie nehmen sich eine Hacke oder ein Messer, ernten aus dem Feld, was sie möchten, und zahlen dann freiwillig in die bereitgestellte Box. So ermöglichen wir den Menschen, die keinen Garten haben, das Landleben mit uns zu teilen und gesunde Lebensmittel aus erster Hand auf ihren Tisch zu bringen.

Auf dem Kartoffelacker gedeihen beste Sorten, unsere Obstplantage versorgt unsere Kunden und die Kinder, die uns als Feriengäste besuchen, mit Äpfeln, Birnen, Pflaumen und Zwetschgen. Und wenn sie dann noch Eier und ab und zu eine Forelle dazunehmen oder sich von Zeit zu Zeit ein kleines Stück Bisonfleisch gönnen, ist die gesunde Ernährung schon fast perfekt.

Auf unseren etwas entlegenen Feldern bauen wir Urweizensorten an: Dinkel, Rotkorn- und Gelbmehlweizen sowie Grannen-Weizen. Grannen sind die Haare an den Ähren. Die sind heute nur noch bei der Gerste zu sehen.

Menschen, die unter Weizen-Unverträglichkeiten leiden, weichen oft auf Dinkel aus, dabei ist Dinkel ja auch nichts anderes als eine Urform von Weizen. Daran sieht man, dass die ursprünglichen Formen keine Allergien oder Unverträglichkeiten hervorrufen, nur die veränderten oder hochgezüchteten modernen Sorten beziehungsweise der Einsatz von Kunstdünger und Pestiziden in der Getreidewirtschaft.

Der Anbau von Urweizen ist finanziell nicht besonders interessant, deswegen sind die wenigsten Landwirte dazu bereit. Urgetreide ist aber richtig gut. Die alten Getreidearten haben viele Vorzüge: einen hohen Nährstoffgehalt, einen besonderen Geschmack, gute Backeigenschaften, die Naturbelassenheit und die nachhaltige Erzeugung. Man kann daraus ganz besonders gesundes Brot backen. Das stellen immer mehr Verbraucher fest und sind bereit, dafür tiefer ins Portemonnaie zu greifen. Ein Kilo Urgetreide kostet bei uns im Hofladen 3,40 Euro, gemahlen 4,40 Euro.

Man sollte sich beim Kauf beraten lassen, denn die Mehle sind sehr unterschiedlich. Rotkorn hat eine nussige Note und eine dunkle Farbe, Gelbweizen ist goldgelb und schmeckt in Backwaren feiner und viel intensiver als das Mehl in den Weizenbrötchen, die wir üblicherweise zum Frühstück essen.

Kaum jemand wird Zeit haben, sein Brot und seine Brötchen immer selbst zu backen, aber hin und wieder klappt das vielleicht. Es lohnt sich. Inzwischen bieten auch gut sortierte Supermärkte Urgetreide an. Und die Auswahl an Bioprodukten wird selbst bei den Discountern ständig größer. Gesunde Ernährung ist also nicht mehr das Thema von weltfremden Spinnern oder einer kleinen Elite mit großem Geldbeutel, sondern ein Thema für alle Verbraucher. Gesunde Ernährung kann sich inzwischen fast jeder leisten.

Auch unser Gemüse, die Tomaten und die Eier vom Gut Dietlhofen sind für nahezu jedermann erschwinglich. Natürlich kosten unsere Produkte etwas mehr als die im Supermarkt. Die großen Handelsketten kaufen in riesigen Mengen ein, in Tonnen, wir produzieren in Größenordnungen von Kilos. Das wirkt sich natürlich auf den Preis aus.

Wie in allen Bereichen, so gibt es auch bei Lebensmitteln preiswerte und teure Produkte. Die Qualität lässt sich der Produzent selbstverständlich bezahlen.

Eier sind grundsätzlich ein preiswertes Lebensmittel. Schon ab 12 Cent gibt es Eier aus konventioneller Tierhaltung. 26 Cent kostet das Bio-Ei bei den Discountern, die fast die Hälfte aller Bio-Eier verkaufen. 30 Prozent der Bio-Eier kaufen die Kunden in Supermärkten und zahlen dafür je nach Herkunft 26 bis 40 Cent. Das verbleibende Fünftel teilen sich Bio-Läden, Hofläden, Wochenmärkte und Direktvermarkter. Dort kosten die Eier deutlich über 30 Cent, oft auch 40 Cent und mehr. Der größte Kostenfaktor für den Bio-Landwirt ist das Futter. Gutes Futter hat seinen Preis.

Bisonfleisch ist teuer, und Bio-Bisonfleisch ist sogar sehr teuer. Das liegt an der aufwendigen Tierhaltung und daran, dass es nicht so viele Bisons gibt. Das Fleisch ist ein Luxusgut, das man sich vielleicht ab und zu mal gönnt.

Ein Kilo Gulasch liegt bei 36 Euro, Braten bei 46 Euro und Filet bei 99 Euro. Hackfleisch gibt es für 36 Euro das Kilo und Suppenfleisch für 26 Euro. Wenn wir Fleisch anbieten, sind die edelsten Stücke wie Hüftsteak, Roastbeef und Filet meistens sofort verkauft.

Das Fleisch vom Bison ist nach allen Untersuchungen das beste Fleisch, das man kaufen kann. Es hat fast so viel Eiweiß wie Pute, kaum Cholesterin und kaum Fett, nämlich nur drei Gramm pro 100 Gramm Fleisch. Es weist sehr viele Spurenelemente auf, hauptsächlich Eisen. Wir haben unter unseren Kunden sogar Vegetarier, die berichten, dass sie schon jahrelang fleischlos leben, aber für Bisonfleisch eine Ausnahme machen und es als etwas Besonderes genießen würden. Bei uns sehen sie, wie die Tiere gehalten werden, was sie zu fressen bekommen und wie es ihnen geht.

Das Gleiche erleben wir bei den Hühnern. Es gibt Leute, die kommen hierher, weil ihr Vertrauen in die Tierhaltung erschüttert ist und sie kein Geflügel mehr im Supermarkt kaufen. Aber bei uns kaufen sie ein Huhn.

In Deutschland kommt noch immer viel zu viel Fleisch auf den Tisch. Braten, Koteletts oder Frikadellen werden in manchen Familien täglich serviert. Wer in einer Betriebskantine isst, kann in der Regel ebenfalls jeden Tag Fleisch konsumieren. Dabei empfehlen Ernährungswissenschaftler den Verzehr von Fleisch auf zwei- bis dreimal pro Woche zu beschränken und auf Qualität zu achten. Lieber wenig, aber hochwertig, statt viel Fleisch mit wenigen Nährwerten.

Nun möchte ich nicht den Anschein erwecken, dass

wir Stimmung gegen bestimmte Nahrungsmittel machen möchten. Ich esse für mein Leben gern Currywurst und bilde mir ein, sie wurde eigens für mich erfunden. Man schrieb das Jahr 1949, und es war Sommer, als in Kronstadt ein gewisser Peter Alexander Makkay das Licht der Welt erblickte. Zum selben Zeitpunkt wurde in Berlin die Currywurst erfunden und patentiert. Heute ist die Wurst mit der leckeren roten Soße aus meinem kulinarischen Leben gar nicht mehr wegzudenken. Wenn wir auf Tour sind, begleitet uns in jede Stadt ein Currywurststand von VW. Das klingt komisch, denn VW ist für seine Automobile bekannt, aber nicht für einen Schnellimbiss. Dabei ist VW auch in diesem Geschäftsfeld sehr erfolgreich. Die VW-Currywurst hat es sogar zu einem eigenen Wikipedia-Eintrag gebracht:

Die Volkswagen-Currywurst (gemäß Eigenbezeichnung »Currybockwurst«) ist ein Lebensmittelprodukt des Automobilkonzerns Volkswagen AG ... Die Zeit der eigenen Lebensmittelherstellung bei Volkswagen begann früh, das Werk unterhielt dazu betriebseigene Bauernhöfe ... Die Volkswagen-Currywurst wird seit 1973 hergestellt ... Die Wurst wird vorrangig in den Werkskantinen verkauft, sie wird den VW-Mitarbeitern in Wolfsburg bereits ab 8 Uhr morgens angeboten. ... Über den Einzelhandel vertreibt der Konzern die Volkswagen-Currywurst national und international in elf Ländern (Stand 2016) ... 2015 wurden 7,2 Millionen Volkswagen-Currywürste verkauft, etwa eine Million mehr als im Jahr zuvor.

Davon, und das steht nicht bei Wikipedia, wurden einige tausend auf der Peter-Maffay-Tour 2015 »Wenn das so ist« verzehrt – nicht wenige vom Künstler selbst. Über genaue Zahlen hüllt sich der Musiker lieber in Schweigen.

Currywurst ist für mich ein Genussmittel, Ernährung sollte aber anders aussehen.

Ich achte auf möglichst gesunde Ernährung. Zum Frühstück gibt es Obst, Kaffee und Eier, selten Brötchen. Ich hole zwar fast jeden Morgen frische Semmeln beim Bäcker, aber eher für andere als für mich. Ich habe mein Gewicht seit Mitte der 80er Jahre gehalten. Ich esse nicht zu viel und meist nur zweimal am Tag, möglichst vitamin- und proteinreich und abends am besten keine Kohlenhydrate. Ich liebe Kartoffeln, aber ich halte mich zurück, beim Brot ebenso, obwohl ich es gern mag. Dabei bin ich allerdings nicht dogmatisch. Ab und zu beginnt ein Tag auch mit einem Schokoladencroissant. Hin und wieder mal auszubüxen und der Seele was Gutes zu tun, beim Bäcker oder an den Tankstellen der Republik, das erlaube ich mir schon.

In Acht nehmen muss ich mich vor Süßigkeiten. Ich liebe Süßes, vor allem Schokolade. Es rächt sich aber schnell auf der Waage, wenn ich maßlos war und eine ganze sündhaft leckere Tafel in einem Rutsch aufgefuttert habe. Deshalb weiche ich möglichst auf Obst aus, bevor ich zu Schokolade oder Bonbons greife. Nüsse und Mandeln sind ebenfalls gesünder als Industriezucker. Im Büro stellen wir bei langen Meetings neben Kaffee, Wasser und Säften immer Obst und Nüsse auf den Tisch. Das ist schon zur Routine geworden und kommt auch bei Besuchern gut an. Zu viel und zu fettes Essen macht müde und denkfaul, in stundenlangen Meetings jedoch gar nichts zu essen ist auch nicht gut. Dann sinkt der Energielevel ab.

Ich schwöre auf Tee aus frischem Ingwer. Und das schon seit langem. Bei Konzerten steht stets eine Thermoskanne mit diesem gesunden, belebenden Getränk neben meinem Mikrofon auf dem Fußboden. Die Ingwerwurzel enthält jede Menge Eisen, Vitamine, Kalzium, Kalium und ätherische Öle. Deshalb ist Ingwertee auch sehr gut für die Stimme. Und auf die muss ich ja wirklich achten, so wie der Skiläufer auf seine Beine und ein Model auf die Figur. Wenn ich mir beide Arme brechen würde, müsste deshalb kein Konzert ausfallen. Dann würde jemand anderes meine Gitarrenparts spielen. Wenn ich aber heiser bin, dann könnten wir nur noch ein Playback abspielen. Es reicht schon, wenn ich in den Tagen und Wochen vor dem Konzert zu viel rede. Dann ist die Stimme einfach nicht auf dem Punkt. Also schweige ich – und trinke Ingwertee.

Auf unseren Tourneen gibt es beim Team-Catering stets ein großes Salatbuffet, immer eine leichte Gemüsesuppe aus frischen Zutaten und drei Hauptgerichte, eines davon vegetarisch und möglichst eines mit Fisch, denn wir möchten allen an der Tour Beteiligten ausgewogene und gesunde Mahlzeiten bieten. Ich finde Buffets sowieso super. Ich brauche keine drei oder vier Gänge und sitze zum Essen nicht gern so lange herum. Beim Buffet sucht man sich das aus, was man mag, verzehrt es und fertig.

Geht es um gesunde Lebensmittel, ist Fisch mit seinem hohen Anteil von Eiweiß, Eisen, Omega-3-Fettsäuren, Selen und dem Spurenelement Jod nicht wegzudenken. Fisch ist leicht und hat wenig Fett. Deshalb fand ich es wichtig, dass wir auf Gut Dietlhofen Fisch anbieten. Während die Bisonherde bereits viel länger dort zuhause ist als ich, war die Aufzucht von Fischen meine Idee. Im Weiher wurde eine Wasserfontäne zur Sauerstoffzufuhr installiert, und schon hatten wir für Forellen und Karpfen ein perfektes Lebensumfeld geschaffen. Die Nachfrage ist noch nicht so groß wie die nach Suppenhühnern oder Bisongulasch, aber wir stehen damit auch erst am Anfang. Das Angebot und die Qualität müssen sich erst noch herumsprechen.

Im Spätsommer beginnt auf Gut Dietlhofen die Obsternte. Wir haben hier viele Apfelbäume, alte und neu angepflanzte. Unsere Äpfel sind fantastisch, und der Saft schmeckt toll. Wir bringen einen Teil der Äpfel in eine Mosterei, lassen sie zu Saft pressen und verkaufen ihn in Fünf-Liter-Gefäßen im Hofladen. Carola mischt ihn auch mit Wasser zur Apfelschorle, die sie im Gutscafé ausschenkt. Im Sommer 2018 hatten wir eine Rekordernte, was dazu führte, dass wir 2500 Liter Apfelsaft produzieren konnten, in schlechten Jahren ist es auch schon mal weniger als die Hälfte. Als im Frühjahr 2017 die Blüten an den Obstbäumen wegen spät einsetzender Minustemperaturen erfroren, brachte unsere Ernte gerade mal 500 Liter Saft hervor.

Der Zusammenhang zwischen Klima, Wetter, Vegetation, Saat und Ernte ist vielen Menschen gar nicht mehr bewusst, seit wir dank billiger Transporttechnik und unter Inkaufnahme langer Wege Kiwis aus Neuseeland sowie Äpfel aus Südamerika verzehren und Wein aus Kalifornien trinken. Das ist nichts Außergewöhnliches mehr. Ob es immer gut ist, ist eine andere Frage. Die Tatsache, dass wir von der Nordsee die Krabben in Kühlwagen zum Pulen nach Marokko bringen und von dort wieder zurück, um sie – vielleicht sogar wieder in einem Restaurant an der Nordsee – zu verzehren, grenzt aus meiner Sicht schon an organisierten Wahnsinn.

Früher wurden die an Bord der Krabbenkutter abgekochten Nordseegarnelen in Heimarbeit von Frauen an der Küste gepult, bis EU-Hygienevorschriften und Lohnkosten dieser Praxis in den 1990er Jahren ein Ende setzten. Jetzt bringen wir sie dorthin, wo Frauen wenig verdienen, die Hygienevorschriften bei weitem nicht so hoch sind und nicht so engmaschig kontrolliert werden wie in Deutschland. Das alles geht zu Lasten der Umwelt. Der NABU und der WWF kritisieren das schon lange. Seit kurzem gibt es eine Initiative von Krabbenfischern, die sagen: »Es wird gepult, wo der Kutter an Land geht. Und das ist bei uns in Ostfriesland.« Richtig so! Die so geschälte Krabbe wird paradoxerweise teurer sein als die, die Tausende Kilometer auf die Reise ging. Aber ich finde, es ist mit der ostfriesischen Krabbe wie mit dem Bisonfleisch vom Gut Dietlhofen: nicht gerade billig, aber jeden Cent wert! Deshalb lieber weniger davon kaufen und mit gutem Gewissen genießen.

Weil die Erzeugung unserer Lebensmittel sich in jeder Hinsicht so sehr vom Endverbraucher entfernt hat, finde ich es wichtig, dass Kinder einen landwirtschaftlichen Betrieb kennenlernen und verstehen, dass Möhren nicht in der Plastiktüte, sondern in der Erde wachsen und Kürbisse nicht mit Halloween-Gesichtern heranreifen.

Nach unserer Erfahrung auf Mallorca, in Siebenbürgen und auf Gut Dietlhofen ist es für Großstadtkinder ein Abenteuer, die Karotten aus der Erde zu ziehen, die sie später als Möhrengemüse oder Rohkost essen werden. Ich glaube, dass ein Kind, das selbst eine Karotte erntet, eine andere Beziehung zu allem entwickelt, was auf dem Teller liegt, und ein neues Verständnis für gesunde Ernährung entwickeln kann.

Sehr viele Kinder ernähren sich schlecht oder falsch. Die Gründe sind fehlende Erziehung oder weil die Zeit dafür nicht da ist. Der Aufwand, frisches Gemüse zu verarbeiten, ist größer als der, eine Tüte Nudeln ins Wasser zu kippen und eine Flasche Ketchup auf den Tisch zu stellen. Wir haben in dieser Hinsicht gerade bei Kindern aus schwierigen familiären Verhältnissen und aus bildungsfernen Schichten eine enorme Fehlentwicklung in unserer Wohlstandsgesellschaft.

Wenn man diesen Kindern beim Essen zuschaut, wird man entdecken, wie viel über das Maß hinaus konsumiert und wie viele Fertigprodukte wie Tiefkühlpizza oder Pommes frites verschlungen werden. Das Ende ist fatal, und die Folgen sind manchmal nicht mehr rückgängig zu machen. Deshalb ist es wichtig, Kinder auch zu einer bewussten Ernährung zu erziehen. Ihnen die Hintergründe und Zusammenhänge zu erklären ist eine schöne Aufgabe. In unseren Ferieneinrichtungen ist das ein maßgebliches Ziel. Deshalb zählen Kochworkshops zu unserem Konzept.

Nur in Jägersbrunn, wo wir die älteste Jugendherberge Bayerns als Tabalugahaus nutzen, unterhalten wir keinen Bauernhof. Da wir dort aber sehr nette Landwirte als Nachbarn haben, dürfen die Kinder ihnen bei der Arbeit zusehen und Löcher in den Bauch fragen. Zusätzlich bieten wir eine Fahrt zu einem Erlebnisbauernhof an. Ein Mädchen aus Berlin schrieb uns nachher:

> Am besten hat mir der Erlebnisbauernhof gefallen, da man dort viele verschiedene Tiere besichtigen und füttern konnte. Bauer Alois erklärte viel zu seinem Bauernhof und zeigte uns alle Tiere vom Schwein bis zum Fisch. Wir aßen Stockbrot, welches wir in einem Indianerzelt über dem Lagerfeuer hielten, um es zu backen. Auch das Treckerfahren und Spielen im Heuhaufen hat enorm Spaß gemacht.

Wenn man über gesunde Ernährung spricht, ist das Thema Naturschutz nicht weit, denn der Raubbau an der Natur verträgt sich nicht mit dem Anspruch auf gesundes Essen. So hat die Rodung des tropischen Regenwaldes viele verschiedene Gründe. Einen großen Anteil daran hat unser Konsum. Ob Palmöl, Soja, Fleisch oder Kakao, überall steckt ein bisschen Regenwald drin. Ölpalmen werden vor allem in Indonesien und Malaysia angebaut. Intakter Regenwald muss weichen, um großflächige Plantagen mit Nutzpflanzen anzulegen, meist als Monokulturen.

Aber auch bei uns sind Monokulturen weit verbreitet. In vielen Landstrichen, insbesondere in Niedersachsen, sieht man, so weit das Auge reicht, nur Maisfelder. Mais ist ein hochwertiger Energielieferant und wird vornehmlich als Viehfutter und für Biogasanlagen gebraucht. Der Anbau von Mais ist kein Problem. Das Problem entsteht dadurch, dass im Folgejahr auf derselben Ackerfläche was angebaut wird? Mais! Und im Jahr darauf ebenfalls. Und so weiter. Monokulturen laugen die Böden aus und können nur aufrechterhalten werden, weil die Landwirte den Acker mit Unmengen Kunstdünger bearbeiten.

In der Biolandwirtschaft läuft das anders. Auch auf Gut Dietlhofen. Im Getreideanbau machen wir es wie unsere Vorfahren im Mittelalter: In einem Jahr bauen wir eine Sorte Getreide an, im nächsten eine andere, und im dritten Jahr liegt der Acker brach, um sich zu erholen. Das nennt man Dreifelderwirtschaft. Böden brauchen wie alles, was lebt, Abwechslung und Ruhephasen. Dann bleiben sie gesund.

Auf dem Gemüseacker arbeiten wir mit der sogenannten Gründüngung. Das heißt, sobald eine Sorte Salat oder Gemüse abgeerntet ist, säen wir zur Bodenverbesserung Klee, Phacelia, Senf, Buchweizen, Wicken oder Sonnenblumen aus. Das hat drei Vorteile: Erstens locken die Blüten Bienen und andere Insekten an. Zweitens lockern diese Pflanzen mit ihren tiefen Wurzeln selbst schwere und verdichtete Böden auf. Anders als Nutzpflanzen werden sie nicht geerntet, sondern nach dem Verblühen und Absterben untergegraben. Dadurch tragen sie drittens dazu bei, dass sich neuer Humus bildet.

Die Erträge auf derlei bewirtschafteten Flächen sind um etwa 20 bis 25 Prozent niedriger als in der industriellen Landwirtschaft, aber die Ernährungswerte der Produkte sind höher. Dazu gibt es zahlreiche Untersuchungen und Studien. Zudem sind die Vorteile bei der Bodenfruchtbarkeit, dem Schutz des Grundwassers und dem Erhalt der Artenvielfalt belegt.

Erstaunlicherweise liegt Deutschland beim Bio- oder Ökolandbau weit hinter anderen europäischen Ländern zurück.

Vielleicht ändert sich das ja nun, weil die jungen Leute auf die Straße gehen und mehr Nachhaltigkeit einfordern. Sie waren es ja auch, die das Thema »Containern« auf die Tagesordnung der Politik gebracht und damit die Verschwendung und die Vernichtung von Lebensmitteln angeprangert haben. Es wird zu viel und zu schnell weggeworfen. Wenn jemand Lebensmittel aus dem Müll holt, gilt das als Diebstahl. Der gesunde Menschenverstand sagt: Warum? Derjenige, der etwas entsorgt, hat doch seinen Eigentumsanspruch aufgegeben. Es ist ja auch nicht strafbar, Pfandflaschen aus Mülleimern zu holen. Wochenlang gab es Diskussionen über die Entkriminalisierung des Containerns, bis die Justizministerkonferenz sich dagegen entschied.

Es gibt aber Supermärkte und Bäckereien, die das Containern offiziell erlauben. Der Leiter eines Supermarktes in Bremen berichtete gegenüber der Presse, er habe einmal Studenten beim Containern erwischt. Sie hätten weglaufen wollen, aber er habe ihnen noch ein Tor zu weiteren Abfallbehältern aufgeschlossen.

Dieses Erlebnis hat den Mann umdenken lassen. Er hat Hinweisschilder auf den Mülltonnen anbringen lassen, welche Lebensmittel noch genießbar sind und welche nicht. Containern ist jetzt tagsüber während der Geschäftszeiten gestattet. Künftig sollen die noch brauchbaren Lebensmittel aber gar nicht mehr in den Tonnen landen, sondern auf einem Rollwagen stehen, so dass sie einfacher mitgenommen werden können ...

Das ist aus meiner Sicht der richtige Ansatz. Es ist entwürdigend, im Müll zu wühlen. Allerdings kommt schnell die Frage auf, ob nur Bedürftige oder jedermann die bereitgestellten Lebensmittel einpacken darf. Wäre es nicht besser, sie der Tafel zu spenden? Wahrscheinlich schon, aber hier liegt die Crux: Auch die Tafel darf Lebensmittel, deren Mindesthaltbarkeitsdatum abgelaufen ist, nicht mehr entgegennehmen, selbst wenn es sich um Konserven, Gewürze, Zucker oder Mehl handelt, um Produkte also, die so gut wie gar nicht verderben.

Unsere Vorschriften sind zum Teil grotesk und maßlos übertrieben. So dürfen Restaurants und Hotels ihren Mitarbeitern Speisen, die auf dem Buffet übrig geblieben sind, nicht mit nach Hause geben. Wohlgemerkt, wir sprechen vom Buffet, nicht vom Teller des Gastes. Der Gast hätte davon noch nehmen dürfen, die Küchenhilfe oder der Kellner mit niedrigem Gehalt darf den Rehrücken oder die Gemüsevariationen nicht einpacken. Der Grund: Die Kühlkette würde unterbrochen, und das darf bei zubereiteten Lebensmitteln nicht sein. Stattdessen landet alles im Müll.

Was das angeht, haben wir eine unerträgliche Überreglementierung und Entmündigung des Bürgers, mit anderen Worten: eine Schere im Kopf. Der Mitarbeiter, der Salate, Gulasch oder Kartoffelgratin nach Hause transportiert, weiß doch selbst am besten, wie er das anstellt, damit die Produkte frisch und appetitlich bleiben. Es liegt doch in seinem eigenen Interesse, dass nichts verdirbt. Hier sollte, wie auch anderenorts, mehr auf Eigenverantwortung gesetzt werden.

DER HOFLADEN

Einkaufen
statt shoppen

▶ **VOM GEMÜSEACKER** gehen wir gleich weiter in den Hofladen, der zusammen mit der Kirche das Zentrum des Gutes bildet. Wir lassen zuvor einen mächtigen alten Baum rechts liegen. Der geschlitzte Silberahorn, wie dieser prächtige Baum heißt, steht mitten auf dem asphaltierten Weg und schützt wie ein Wächter die Zufahrt zum nicht öffentlichen Teil des Gutes vor unbefugten Besuchern. Hier beginnt der Bereich, der nur unseren Ferienkindern und natürlich unseren Mitarbeitern zugänglich ist. Dieses Areal besuchen wir später.

Jetzt gehen wir zunächst in den ehemaligen Kuhstall, in dem der Hofladen und das Gutscafé untergebracht sind. Der Eingang ist nicht zu übersehen, denn Carola versteht es, ihn sehr ansprechend auf die jeweilige Jahreszeit abgestimmt zu dekorieren. Im Sommer blühen dort viele bunte Blumen in Kübeln und Töpfen, im Herbst gestaltet sie Arrangements aus Stroh und Kürbissen. Außerdem schreibt sie mit ihrer schönen Schrift die jeweiligen Angebote auf große Tafeln und stellt sie draußen auf. Im Sommer preist sie Eiskaffee an, im Winter Heißgetränke und immer ihren leckeren selbstgemachten Kuchen.

Unser Laden war bis vor einem Jahr noch ein kleiner, etwas dunkler Raum, mit allerlei rustikalen Möbeln zwar sehr gemütlich eingerichtet, aber auf der geringen Fläche und ohne Kühltheke konnten die Waren nicht optimal präsentiert werden. Außerdem gab es innen nur drei winzige Tische und wenige Stühle. Daher konnten wir nur bei gutem Wetter viele Gäste oder größere Gruppen bewirten. Denn draußen ist Platz genug, um Tische und Stühle für bis zu 60 Personen aufzustellen, sowohl direkt vor dem Café als auch auf der Freifläche gegenüber, vor dem Pferdestall. Dort plätschert der Brunnen, dessen Wasser wir auf der höher gelegenen Wiese sammeln, um es dann zu Tal stürzen zu lassen. Unsere Besucher können je nach Vorliebe in der Sonne sitzen oder im Schatten der Bäume Platz nehmen.

Es gab eine längere Planungsphase mit dem Architekten und unserem Team aus der Gutsverwaltung. Wir führten Diskussionen darüber, ob und wie wir den Raum vergrößern und umgestalten sollten. Auch die Frage, ob das Gut überhaupt einen Hofladen brauche, stand im Raum, denn natürlich kostet so ein Umbau sehr viel Geld. Meine Antwort darauf ist ganz klar: Ja, wir brauchen den Hofladen. Erst durch den Direktverkauf schließt sich der Kreis von der Saat über die Ernte bzw. von der Zucht über die Schlachtung bis zum Verbraucher.

Am Ende stand eine relativ aufwendige Lösung. Die Hülle wurde allerdings kaum verändert. Im unteren Geschoss hat das Mauerwerk einen groben weißen Putz, der darüberliegende Aufbau, der ehemalige Heuboden, ist aus dunklem Holz. Lediglich die Eingangstür ist neu. Große Glasscheiben sorgen für Tageslicht im Inneren. Es war zu entscheiden, ob die Stallfenster unverändert bleiben oder gegen neue Fenster ausgetauscht werden. Ich war für den Erhalt der Stallfenster, musste aber einsehen, dass das dünne Glas und die fehlende Isolierung im Winter ein Problem darstellen würden. Also wurde ein Kompromiss geschlossen: Die alten Stallfenster bezeugen weiterhin die frühere Nutzung des Gebäudes, aber dahinter haben wir nach innen gerichtet neue, moderne Fenster mit Isolierglas eingesetzt. Das finden alle Leute gut – nur diejenigen nicht, die die Fenster putzen müssen. Aber so ist das eben: Das Schöne und das Praktische gehen nicht immer Hand in Hand. Da muss man eine Entscheidung treffen. Wir haben uns für »schön« entschieden.

Im Innenraum wurden Wände versetzt und die Decke angehoben. Wir haben eine geräumige, verglaste Kühltheke und einen Kaffeevollautomaten angeschafft sowie hübsches Mobiliar aus hellem Holz. Bis zu 30 Personen finden hier nun Platz. Durch die Erweiterung des Hofladens zum Café besteht jetzt auch die Möglichkeit, Paaren, die in der Kirche auf Gut Dietlhofen heiraten möchten, nach der Trauung einen Sektempfang, ein festliches Frühstück oder eine deftige Jause anzubieten.

Der schönste Platz ist ein langer Tisch aus einem halbierten Baumstamm mit rustikalen Bänken. Dort sitze ich am liebsten, wenn ich am Wochenende hierherkomme und einen Kaffee trinke. In der kalten Jahreszeit legt Carola Bisonfelle auf die Holzbänke und die Stühle. Das sieht nicht nur sehr gemütlich aus, die Felle halten auch enorm warm.

In unserem Hofladen werden unsere gutseigenen Produkte aus biologischem Anbau angeboten sowie Produkte, die in benachbarten Betrieben hergestellt werden wie Rohmilchkäse aus dem Allgäu, Bio-Honig und hausgemachte Nudeln.

Der Laden soll indes nicht nur eine Verkaufsstelle sein, sondern auch ein Ort der Kommunikation. Bei Carola gibt es stets ein freundliches Lächeln und ein nettes Gespräch gratis dazu. Man kann allerlei über das Gut erfahren oder sich die Herstellung der im Laden angebotenen Produkte erklären lassen. Zudem sollen die Kunden miteinander in Kontakt kommen, wenn sie das möchten. Deshalb sind im Café keine Sichtbarrieren zwischen den Tischen angebracht worden.

Kürzlich las ich in einem Artikel über Zukunftstrends, dass die Menschen künftig Erfahrungen und Erlebnissen einen höheren Wert beimessen werden als Eigentum und Konsum. Das finde ich sehr ermutigend, denn ich bin davon überzeugt, dass wir in den Geschäften von allem zu viel haben, in unseren Erinnerungen aber später vielleicht von vielem zu wenig. Wovon werden wir unseren Kindern und Enkeln erzählen? Davon, dass wir uns im Supermarkt zwischen 15 Orangensäften entscheiden konnten oder zwischen 30 Sorten Joghurt? Dass wir ein Schnäppchen beim Autokauf gemacht haben oder im Onlinehandel zehn Paar Schuhe bestellt und neun zurückgeschickt haben?

Nein, darüber werden wir nicht berichten, weil diese Erinnerungen unser Herz nicht wärmen. Wir werden von Freundschaften und Begegnungen, von Reisen und Sonnenuntergängen, von Radtouren oder Wildwasserrafting sprechen, von unserem Hund oder einem Pferd, das uns besonders ans Herz gewachsen ist. Wir werden uns an unsere erste Liebe erinnern, an den Aufstieg unseres Fußballvereins in eine höhere Liga, an ein Konzert, ein besonderes Buch oder einen Film und vielleicht an einen Bauernhof, auf dem der Einkauf zum Erlebnis wurde.

Wir alle, die wir auf Gut Dietlhofen arbeiten, möchten einen solchen Platz schaffen, an dem Einkaufen mehr ist als der Erwerb von Lebensmitteln. Wir möchten eine Situation erzeugen, in der Erlebnisse und Erinnerungen entstehen. Das ist einer der Gründe, warum wir unser Bio-Gemüse nicht nur im Hofladen verkaufen, sondern unseren Kunden auch anbieten, es selbst zu ernten und die Produkte direkt vom Feld mit nach Hause zu nehmen. Das kann jeder selbst entscheiden.

Am Zugang zum Gemüsefeld steht neben der Tafel mit den tagesaktuellen Preisen eine »Kasse des Vertrauens«. Das ist eine auf einem Holzpfahl montierte Box, in die der Kunde abgezähltes Geld wirft, um seinen Einkauf zu bezahlen. Mir gefällt das sehr, denn ich finde, dass Vertrauen etwas sehr Wichtiges ist. Unser Vertrauen in unsere Kunden wurde noch nicht enttäuscht, und wenn doch, dann war es so selten und der vorenthaltene Betrag so minimal, dass wir es beim Kassensturz gar nicht bemerkt haben. Oft ist es nämlich ganz im Gegenteil so, dass die Käufer großzügig aufrunden und mehr Geld in die Box werfen, als sie müssten.

Ich freue mich darüber, dass das so gut funktioniert und es noch Geschäfte gibt, die ausschließlich auf Vertrauen basieren. Die Zusammenarbeit zwischen meiner Band und mir läuft übrigens genauso: Wir haben kaum Verträge miteinander geschlossen. Wir haben ein paar

Regeln aufgestellt, die jeder einhält, der Rest ist gegenseitiges Vertrauen. Wenn wir etwas miteinander vereinbaren, können wir uns alle darauf verlassen, dass die Absprache gilt. Das machen wir seit Jahrzehnten so, und weil wir erfreulicherweise gut damit fahren, gibt es keinen Grund, etwas daran zu ändern.

Allerdings besteht der Unterschied darin, dass wir uns schon sehr lange persönlich kennen und freundschaftlich miteinander verbunden sind, während es sich auf dem Gemüsefeld anders verhält. Da kommen und gehen viele Menschen, deren Namen wir nicht kennen und mit denen uns keine gemeinsame Geschichte verbindet. Ich denke allerdings nach meinen Erfahrungen auf Gut Dietlhofen, dass es doch viel mehr anständige Menschen gibt, als uns die vielen schlechten Nachrichten glauben machen.

Die Produktion und der Verkauf von Bioprodukten ist mir schon lange ein Anliegen. Auf Gut Dietlhofen sind wir zwar noch nicht ganz am Ziel, denn manchmal haben wir mehr Kartoffeln als Kunden und meistens weniger Eier, um die hohe Nachfrage befriedigen zu können. Aber wir befinden uns auf einem guten Weg, indem wir unser Angebot immer besser auf die Wünsche unserer Kunden abstimmen. Am schwierigsten gestaltet sich dieser Prozess beim Bisonfleisch. Wenn es Bisons gäbe, die nur aus Filet bestünden, wäre uns sehr geholfen. Aber so ist es nun mal nicht, und deshalb müssen wir an unserem Vermarktungskonzept feilen, um noch mehr Abnehmer für Schulterbraten, Gulasch und Hackfleisch zu finden.

Als wir vor vielen Jahren im Zentrum von Pollença auf

Mallorca einen Ökoladen eröffnet haben, war das leider ein ziemlicher Flop. Damals war Bio noch nicht so angesagt wie heute. Wir hatten gehofft, dass wir viele Menschen mit unserer Begeisterung für Bioprodukte anstecken könnten. Das war aber ein Irrtum. Jedenfalls gelang es nicht in dem Maße, dass das Geschäft wenigstens kostendeckend wirtschaften konnte. Vielleicht haben wir uns auch zu wenig spezialisiert und zu viel Verschiedenes angeboten, auch zahlreiche Produkte, die wir zugekauft und nicht auf der eigenen Finca produziert haben. Da man bekanntlich Fehler macht, um daraus zu lernen, haben wir den Kopf nicht in den Sand gesteckt, sondern auf Gut Dietlhofen einen neuen Anlauf unternommen.

Um die Entscheidungskette zu verkürzen und die Verantwortung denen zu übertragen, die direkt mit den Kunden im Kontakt stehen und deren Wünsche kennen, boten wir Carola an, den Hofladen zu pachten und in Eigenregie zu führen, was sie seit März 2019 macht. Er heißt nun »Caros Gutscafé und Hofladen« und wird mit viel Liebe und Hingabe geführt. Wenn ich dort etwas kaufe, muss ich nun wie jeder andere Kunde bezahlen. Neben einer älteren Dame, die regelmäßig am Wochenende größere Mengen Kuchen zum Mitnehmen kauft, und gewerblichen Großabnehmern von Eiern, Kartoffeln und Gemüse bin ich wahrscheinlich einer der besten Kunden, aber übrigens nicht unbedingt der bekannteste: Wir freuen uns, dass zum Beispiel auch Hans Sigl, der beliebte Fernseh-Bergdoktor, bei uns einkauft.

Es besteht aus meiner Sicht ein Unterschied zwischen

Einkaufen und Shoppen. Shoppen bedeutet, ohne konkretes Ziel die Zeit beim Schaufensterbummel und dem Anprobieren von Kleidung zu verbringen. Einkaufen ist hingegen das zielgerichtete Besorgen von Dingen, die ich brauche. Ich gehe nicht gern shoppen. Klamotten zu kaufen finde ich furchtbar. Es ist reine Zeitverschwendung. In meiner Größe etwas Passendes zu finden ist sowieso schwer. Und bevor ich in einem Geschäft die Verkäufer in Verlegenheit bringe, weil sie mir auf dezente Weise mitteilen möchten, dass sie meine Größe nicht führen und meinen Wünschen nicht gerecht werden können, schaue ich mich lieber zielgerichtet dort um, wo ich schnell zurechtkomme.

Ein Schlüsselerlebnis war die Begegnung mit einer Verkäuferin, die mir bei der Anprobe eines Mantels im Rücken einen halben Meter Stoff mit den Händen zusammenraffte und sagte: »Passt wie angegossen.« Ich kenne ja inzwischen die Marken, die mir passen und gefallen. Am besten komme ich mit italienischen und spanischen Herstellern klar. Deshalb kaufe ich gern in diesen Ländern ein. Ein ziemlich freakiger Laden, den ich immer wieder aufsuche, ist in Hamburg. Es war ein Tipp von Pascal Kravetz, der seit langem auch in meiner Band spielt. Ein guter Tipp!

Natürlich kaufe ich auch schon mal etwas online, das ich im Geschäft nicht oder nicht so schnell bekommen kann, im Regelfall gehe ich aber den umgekehrten Weg: anschauen im Netz, kaufen im Geschäft am Ort.

Wenn wir alle unsere Schuhe im Internet ordern und im örtlichen Schuhgeschäft nur ein paar Schnürsenkel kaufen oder unsere Uhren im Online-Shop bestellen, die Batterie aber beim Uhrmacher ums Eck wechseln lassen möchten, dann wird es das Schuhgeschäft und den Juwelier über kurz oder lang nicht mehr geben. Die Inhaber kleiner Läden können ihren Lebensunterhalt nicht mit den Kleinbeträgen bestreiten, die ihnen bei Reparaturen oder beim Verkauf von Ersatzteilen bleiben, während wir die größeren Einkäufe bei Firmen tätigen, deren Namen alle auf ».de« enden.

Ich höre manchmal Geschichten, bei denen sich mir die Nackenhaare aufstellen, so frech finde ich das Verhalten einiger Kunden: Menschen lassen sich in einem Fachgeschäft zwei Stunden lang Fernsehgeräte vorführen und sich die Vor- und Nachteile eines jeden Gerätes erklären, um sich dann auf Nimmerwiedersehen zu verabschieden und das Produkt, für das sie sich entschieden haben, im Internet zu bestellen. Diese Menschen würde ich gern fragen, ob sie auch bereit seien, kostenlos zu arbeiten, so wie sie es vom Fachhändler verlangen. Sie nutzen dessen Know-how, ohne seine Leistung zu honorieren, indem sie den Artikel auch bei ihm kaufen. Ich finde das respektlos und egoistisch. Von solchen Konsumenten möchte man wahrlich kein Gejammer hören, wie schade es sei, dass der Einzelhandel aussterbe und immer mehr Geschäfte schließen würden.

Es gibt eine Redensart, die ich von meiner Großmutter übernommen habe: »Was du nicht willst, dass man dir tu, das füg auch keinem andern zu.« Mit anderen Worten: Behandle jedermann so, wie du selbst auch behandelt werden möchtest. Wenn sich alle Menschen daran hielten, wäre unser Zusammenleben um vieles einfacher.

Während ich Shoppen hasse, mag ich es, mit einem Einkaufszettel durch den Supermarkt zu laufen und gezielt Lebensmittel zu kaufen. Supermärkte sind in der Regel so übersichtlich und klar strukturiert wie mein Zettel. Ordnung und eine durchdachte Systematik sind genau mein Ding. Somit geht das ruck, zuck. Nach zehn Minuten bin ich wieder draußen und habe von Milch, Bananen über Brot bis zu Babynahrung alles bekommen, was wir in unserem Haushalt benötigen und was es auf Gut Dietlhofen nicht gibt.

Die Steigerung von Shopping ist übrigens Weihnachtsshopping. Das ist eine Qual. Am liebsten gehe ich auf einen kleinen Weihnachtsmarkt wie den auf Gut Dietlhofen. Wenn ich dort spontan etwas Sinnvolles finde, dann schenke ich gern. Wenn nicht, ziehe ich es vor, nichts zu schenken und zu warten, bis ich etwas sehe, das der oder die Beschenkte wirklich braucht. Das kann dann aber auch im Februar sein oder im Juni.

Es müssen ja sowieso keine großen Dinge sein. Ein Geschenk zeigt dem anderen doch vor allem: Du bist mir wichtig. Um diese Geste geht es. Eines der schönsten Geschenke, das ich jemals bekommen habe, war ein rotes Feuerwehrauto. Da war ich ungefähr vier oder fünf Jahre alt. Als wir Rumänien verließen, konnten wir außer unseren Ausweisen, ein paar Fotoalben und ein bisschen Geld nichts mitnehmen. Wir ließen den gesamten Hausstand zurück. Auch dieses Feuerwehrauto. Es blieb uns davon nur ein Familienfoto, auf dem meine Eltern zu sehen sind und ich als kleiner Knirps, der dieses Auto in den Händen hält. Irgendwann, sehr viel später, ich war schon über 50, schenkte mir mein Vater dann einfach so ohne besonderen Anlass ein rotes Feuerwehrauto. Das war eine so zauberhafte Geste von ihm! Es hat mich sehr berührt, dass er Jahrzehnte später an den Verlust meines Feuerwehrautos gedacht hat. Das hat mich richtig umgehauen. Das neue Auto habe ich heute noch, und es bleibt nirgendwo mehr zurück, ganz egal, wohin mich mein Weg noch führt.

Ich bin im Übrigen der Meinung, dass wir – nicht nur, aber auch und gerade im Vorweihnachtsstress – zu viel wegwerfen und zu eilig Neues kaufen. Um unsere Ressourcen zu schonen, sollten wir jeweils genau überlegen, ob eine Neuanschaffung erforderlich ist. Kürzlich habe ich zur Erheiterung meiner gesamten Familie und meiner Mitarbeiter, denen die Geschichte natürlich brühwarm übermittelt wurde, einen Toaster aus der Mülltonne gerettet. Das Gerät war zwar in die Jahre gekommen und röstete das Brot nur noch von einer statt von zwei Seiten, aber ich finde das nicht so schlimm. Wieso muss ein Toastbrot von beiden Seiten braun sein? Das verstehe ich nicht. Mit dieser Auffassung stand ich in meiner Familie aber ziemlich allein da.

Ja, ich trenne mich nur schwer von Dingen, die mich lange begleitet haben, und sorge mich um die Ressourcen, die wir gedankenlos verschwenden. Vielleicht liegt es an meiner Herkunft im kommunistischen Rumänien. Damals waren die Leute sehr erfinderisch, wenn es darum ging, Dinge zu reparieren, wiederzuverwerten oder durch kleine Maßnahmen schöner und moderner zu machen. Bekleidung wurde erst entsorgt, wenn sie abgetragen war. Zuvor wurde ein und dasselbe Kleid je nach Mode mehrfach geändert. Waren an einem Oberhemd die Manschetten verschlissen, wurden die Ärmel kurzerhand auf die Hälfte abgeschnitten und neu gesäumt – fertig war das Kurzarmhemd. Nun möchte ich nicht noch einmal eine Mangelwirtschaft erleben, wie wir sie im Nachkriegsrumänien hatten, aber ein bisschen weniger Wegwerfgesellschaft wäre zugunsten unserer Umwelt nicht verkehrt. Deshalb finde ich die Repair-Cafés super, die gerade im Kommen sind, Secondhandläden und die Rubrik »Zu verschenken« bei eBay-Kleinanzeigen oder im örtlichen Anzeigenblatt.

Neulich wollte unser Architekt in Dietlhofen ein Garagentor herausreißen und ein neues einsetzen. »Es gibt doch so schicke neue Türen«, sagte er. »Ich brauche keine schicke neue Tür«, grummelte ich. »Diese hier wird abgeschliffen, neu lackiert, und dann ist sie schick! Das Garagentor ist immer schon hier gewesen, und deshalb bedeutet es mir mehr, als es ein neues je könnte.« Wenn »konservativ sein« bedeutet, dass man etwas bewahren will, dann bin ich in diesem Sinne konservativ. Ich finde, Anschaffungen müssen Sinn machen. Ich möchte nichts kaufen, um zu kaufen, sondern nur, weil ich etwas brauche oder weil etwas dazu dient, das Leben angenehmer zu gestalten. In letztere Kategorie gehören unter anderem Gitarren und Motorräder, da gestehe ich Lustkäufe ein, bei Lederjacken aber nicht. Die trage ich, bis sie auseinanderfallen.

Ich habe in jüngster Zeit jedoch den Eindruck, dass die Konsumgesellschaft sich langsam wandelt. Der Trend geht erfreulicherweise zu einem reflektierteren Kaufverhalten. Die Menschen machen sich wieder mehr Gedanken darüber, was sie kaufen, warum sie etwas kaufen, von wem und wie sie kaufen. Enthält das Müsli viel Zucker? Ist das Obst in Plastik verpackt oder lose? Wurden Pflanzenschutzmittel eingesetzt? Hat das Gemüse lange Transportwege zurückgelegt oder wurde es in der Region geerntet?

Jeder kann durch sein Kaufverhalten Einfluss darauf nehmen, was in Geschäften und auf dem Wochenmarkt angeboten wird. Im Zweifel empfiehlt es sich nachzufragen: »Haben Sie auch lose Walnüsse oder nur die abgepackten? Bieten Sie auch Käse aus der Region an? Finde ich bei Ihnen Wasser in Mehrwegflaschen?« Je mehr Kunden solche Fragen stellen, desto größer die Chance, dass der Händler sein Sortiment umstellt.

Produkte aus der Heimat erleben gerade eine Renaissance. Das ist sehr vernünftig, denn was nützt ein Biosiegel, wenn Obst oder Gemüse beispielsweise in Regionen mit enormem Wassermangel biologisch angebaut werden und dann um die halbe Welt fliegen, bevor sie auf unserem Tisch landen. Das ist grotesk. Und da der Verbraucher den Markt bestimmt, füllen die Supermärkte immer mehr Regale mit Lebensmitteln aus heimischer Erzeugung und mit Bioprodukten aus Deutschland oder den europäischen Nachbarländern.

Vor einigen Wochen postete jemand bei Facebook ein Foto von zwei Bananen, die auf einer Styropor-Schale lagen und mitsamt der Schale in Plastik eingeschweißt waren. Darauf war das Preisschild. Was für ein Schwachsinn! Eine Banane hat doch nun wirklich die genialste Verpackung, die die Natur erfunden hat. Noch besser als Nüsse, denn zum Aufbrechen der Bananenschale braucht man kein Werkzeug, sondern nur die eigenen Finger. Selbst wenn ich Heißhunger auf eine Banane hätte, würde ich so etwas wie beschrieben auf keinen Fall kaufen.

Wenn ich selbst einen Laden eröffnen würde, wäre es eine Eisdiele, nicht nur, weil ich für mein Leben gern Eis esse, sondern auch, weil es dort so lebendig ist und fröhlich zugeht. Das Publikum stammt aus allen Altersgruppen, es kommen Kinder, Familien, Jugendliche, Paare und Großeltern mit ihren Enkeln. Da ist einfach immer etwas los. Oder ich würde ein Pfannkuchen-Restaurant betreiben. In Australien am Ayers Rock war ich mal in einem Laden, der hieß Pancake Palace. Bis zu diesem Tag war mir nicht bewusst, welche Variationen möglich sind. Ich dachte, Pfannkuchen sind süß und werden mit Apfelmus oder Schokolade gegessen. Im Pancake Palace gab es Pfannkuchen mit Gemüse, Käse, mit Schinken, Salami und Spiegelei, einfach mit allem, was man sich vorstellen kann. Und es gab die tollsten Wraps. Ich liebe Wraps, weil sie eine gute Möglichkeit sind, sich gesund zu ernähren, wenn man nicht viel Zeit zum Kochen hat. Müsste ich mich zwischen Eiscafé und Pfannkuchen-Haus entscheiden, dann fiele die Wahl allerdings wohl doch auf die Eisdiele. Aber ich müsste Acht geben, dass ich nicht selbst mein bester Kunde würde.

DIE KIRCHE

Unser Glaube
als Kraftquelle

▶ **NACHDEM WIR UNS** im Hofladen umgeschaut haben, geht es weiter in die Kirche. Sie liegt gleich nebenan. Der Vorbesitzer gab vor gut 20 Jahren den Auftrag, eines der beiden Gutshäuser umzubauen. Er ließ hohe Fenster mit Rundbögen einsetzen und einen Zwiebelturm mit einem Kreuz auf dem Dach des zweigeschossigen Hauses errichten, das Gebäude entkernen und innen neue Wände einziehen. Gäbe es den für bayerische Kirchen typischen Turm nicht, würde man das weiß gestrichene Gebäude nicht für ein Gotteshaus halten. Das Innere ist ganz schlicht, anders als wir es in Bayern gewohnt sind. Außer einem großen Kreuz und einem siebenarmigen goldenen Leuchter finden sich keine christlichen Symbole im Kirchenraum.

Der Bauherr wollte, dass sich möglichst viele Menschen hier aufgehoben fühlen und den Raum mit ihrem ganz persönlichen Glauben füllen. Die Kirche ist nicht konfessionsgebunden, und wir haben hier keine Kirchengemeinde, aber wir bieten trotzdem Gottesdienste an. Jeder Gläubige, der in Frieden kommt und andere Religionen und Konfessionen als gleichwertig respektiert, ist uns willkommen. Jeder, der denkt, dass er den besseren Gott anbetet, ist bei uns nicht richtig. Unsere Pastoren stammen meistens aus freikirchlichen Gemeinden, zu denen Carola und Thomas Kontakte pflegen. Wir hatten auch schon internationale Geistliche da, Gastprediger aus Afrika, Kolumbien, Norwegen und vielen anderen Ländern. Zu Taufen oder Hochzeiten können die Leute gern ihren katholischen oder evangelischen Geistlichen mitbringen und die Zeremonie in unserer Kirche abhalten. Carola spielt dann die Orgel, wenn es gewünscht wird. Wir bemühen uns, die Kirche stets offen zu halten, sodass gläubige oder ruhesuchende Menschen immer Zugang haben.

Gleich am Eingang haben wir eine Stellage aus dunklem Eisen aufgestellt, auf der in drei Reihen etwa 30 Kerzen Platz haben. Wer möchte, kann für ein paar Cent ein Teelicht aus einer Box nehmen, es anzünden und auf dem Kerzenständer platzieren. Ich zünde gern am frühen Morgen, wenn auf Dietlhofen noch alles ganz still ist, eine Kerze an und halte einen Augenblick inne. Das Licht ist ein Dankeschön und eine Erinnerung an die, die mir lieb sind.

Wenn man von Norden aus Richtung Starnberg oder von Süden, aus Weilheim kommend, zum Gut fährt, gibt es jeweils an der Allee vor dem Hof ein großes Kruzifix aus schlichtem Holz und davor eine Bank. Als wir Dietlhofen erwarben, gehörte es zu den ersten Maßnahmen, die verwitterten Kreuze neu streichen zu lassen. Das war mir sehr wichtig. Auf den Kreuzen steht geschrieben: »Jesus ist auferstanden. Er lebt.« Jeder mag diese Inschrift anders interpretieren. Ich verstehe sie so, dass die christliche Botschaft lebendig ist. Das finde ich großartig. Der Kern der Botschaft ist zeitlos und dauerhaft gültig. Die Zehn Gebote lehren uns die elementaren Werte, die unser Kompass sein können, sowohl für unsere Beziehung zu Gott als auch für das Zusammenleben von uns Menschen.

In meinem Geburtsort Kronstadt fühle ich mich mit zwei Kirchen sehr eng verbunden, die mir aus Kindheitstagen in Erinnerung geblieben sind: Da ist zum einen die Schwarze Kirche, das Wahrzeichen von Kronstadt. Sie ist die größte gotische Kirche in Osteuropa und wird seit dem großen Stadtbrand am Ende des 17. Jahrhunderts so genannt, denn es blieben damals nur die von Ruß geschwärzten Außenmauern stehen. Die Kronstädter bauten sie in liebevoller Kleinarbeit wieder auf.

Das Gotteshaus liegt mitten im historischen Zentrum, nahe dem schönen mittelalterlichen Rathaus mit seinem mächtigen Turm. Die Altstadt mit ihren prächtigen Häusern, die inzwischen sehr schön restauriert wurden, zeugt auch heute noch vom Reichtum Kronstadts. Mein Elternhaus lag ungefähr zwei Kilometer von hier entfernt.

Nur einen Steinwurf weit weg von unserer damaligen Wohnung steht die Martinskirche auf dem Martinsberg. Das ist ein kleiner baumbestandener Hügel direkt vor dem wesentlich höheren Schlossberg. Der Weg hinauf ist so steil, dass wir Jungen ihn im Winter zum Skilaufen nutzen konnten. Hier sammelte ich meine ersten Erfahrungen auf Skiern, die mein Vater selbst aus Holz für mich gefertigt hatte. Die Crux war, dass der Weg hinab ausschließlich in Rechtskurven verläuft. Als ich später mit meinem Vater in die Karpaten zum Skilaufen fuhr, stellte er entsetzt fest, dass ich mit einem Affenzahn den

Berg hinuntersausen konnte, aber nicht imstande war, Linkskurven zu nehmen. Das musste ich mir erst nachträglich aneignen.

Rund um den Kirchenhügel gab es viele Gärten. Dort war ich vom Frühjahr bis zum Herbst fast täglich mit meinen Freunden unterwegs. Das war unser Revier. Und die Kirche auch. Ich war oft in dem Gotteshaus, aber nicht, um zu beten, sondern als Orgeljunge, also um den Blasebalg zu treten. Wir Bengel sind auf den großen Holzpedalen herumgesprungen wie auf einem Stepper. Sobald der Organist zu spielen begann, legten wir los. So erzeugten wir einen Luftdruck, der in die Pfeifen strömte, die Voraussetzung dafür, dass überhaupt ein Ton erklingen konnte. Die Orgel und der Blasebalg existieren noch heute. Ein guter Bekannter von mir, Ortwin Hellmann, wohnt mit seiner rumänischen Frau und seinen beiden Kindern gleich nebenan im ehemaligen Pfarrhaus und kümmert sich um die Kirche. Leider werden heute keine Gottesdienste mehr abgehalten, denn die Evangelische Landeskirche ist auf ganz wenige Mitglieder geschrumpft. Von einst 300 000 Mitgliedern gab es nach der Abwanderung der Siebenbürgen nach Deutschland nach dem Zweiten Weltkrieg und Anfang der 50er Jahre noch 150 000.

Heute zählt die Evangelische Kirche A.B. (das heißt »Augsburgischen Bekenntnisses«) in Rumänien nur noch knapp 13 000 Gläubige. Ortwin Hellmann kümmert sich als Kurator um die evangelischen Christen im Landkreis Kronstadt. Er reist zuweilen nach Deutschland, um in Ministerien und bei Behörden um Unterstützung zu werben. Den Erhalt des jahrhundertealten kulturellen

Erbes in Siebenbürgen hat er sich zur Lebensaufgabe gemacht. Angesichts der wenigen Mitglieder können nicht mehr alle Kirchen in Betrieb bleiben. Wir sind schon froh, dass es gelungen ist, die Martinskirche als Baudenkmal zu sichern und gelegentlich für Veranstaltungen zu nutzen. Wenn ich in Kronstadt bin, besuche ich Ortwin. Wir sitzen auf seiner schönen Terrasse mit Blick über die Stadt. Anschließend werfe ich immer einen Blick in die alte Kirche. Dabei werden viele Erinnerungen wach.

Einmal haben wir dem Pastor die Rote Karte gezeigt: Er hatte uns im Pfarrgarten beim Äpfelklauen erwischt und uns eine Strafe angedroht. Um ihm zu signalisieren: »Du kannst uns mal ...«, haben wir Orgelbuben mitten im Gottesdienst gestreikt. Es kam somit kein einziger Ton mehr aus dem Instrument, und wir hatten unseren Spaß. Der Organist bekam einen hochroten Kopf vor Aufregung, der Pastor wurde total nervös und blickte hilfesuchend hinauf zur Orgelbühne. Um das Fass nicht zum Überlaufen zu bringen, nahmen wir nach einem kurzen Warnstreik unsere Tätigkeit aber wieder auf. Erstaunlicherweise hatte das Ganze kein Nachspiel für uns, was mir schon früh gezeigt hat, dass man sich manchmal im Leben selbstbewusst zur Wehr setzen muss, um respektiert zu werden.

In Siebenbürgen gab es seinerzeit Katholiken, Protestanten, orthodoxe Christen und Juden. Mein Vater ist Szekler, so heißt die Volksgruppe ungarischer Abstammung. Die Szekler sind katholisch. Meine Mutter war Siebenbürger Sächsin, also deutschstämmig und Protestantin. Da die Kinder die Konfession der Mutter bekamen, bin ich ebenfalls Protestant oder genauer gesagt, ich war Protestant.

In der Schule wurde kein Religionsunterricht erteilt. Die kommunistischen Machthaber hatten mit der Kirche nichts am Hut. Sie glaubten an einen anderen Gott – der saß in Bukarest, hieß Ceaușescu, war Generalsekretär der kommunistischen Partei und als Staatschef ein Diktator der übelsten Art.

Mein Vater hatte stets ein distanziertes Verhältnis zur Religion, meine Mutter war gläubig. Sie stammte aus Brenndorf, 15 Kilometer nördlich von Kronstadt. Die Landbevölkerung ging regelmäßig sonntags in die Kirche. Da Siebenbürgen seit Jahrhunderten hart umkämpft war und manchem Angriff, insbesondere von Tataren und Osmanen, standhalten musste, haben die Menschen im Mittelalter sogenannte Kirchenburgen gebaut: Um die Gotteshäuser zogen sich hohe Mauern mit wehrhaften Türmen und sogenannten Wohnzellen im Inneren, die der Bevölkerung Zuflucht und Schutz boten. Sieben der Kirchenburgen wurden von der UNESCO in die Liste des Weltkulturerbes aufgenommen.

Auch in Brenndorf gibt es eine Kirchenburg. Ich erinnere mich an den sonntäglichen Gottesdienstbesuch und an eine besondere Sitzordnung: Die Männer saßen außen und hinten im Kirchenschiff und hatten die Kinder bei sich. Die Frauen nahmen vorn und innen Platz. Da man nie vorhersehen konnte, wann ein Dorf heimgesucht und überfallen wurde, waren die Menschen stets auf der Hut. Selbst die Sitzordnung während des Gottesdienstes war darauf abgestellt, Frauen und Kindern die größtmögliche Sicherheit zu bieten. Heute braucht sich natürlich niemand mehr zu ängstigen. Trotzdem hat sich an der Sitzordnung in den evangelischen Gottesdiensten nichts geändert. Sie hat inzwischen einfach Tradition.

Eine ganze Reihe der Kirchenburgen wurden inzwischen mit Mitteln aus Deutschland, aus der EU und durch private Spenden teilweise oder ganz renoviert, wie zum Beispiel in Deutsch-Kreuz, in Deutsch-Weißkirch, in Bodendorf und Meschendorf. Diese Dörfer liegen nur wenige Kilometer von Radeln entfernt. Leider zählt die Kirchenburg in Radeln nicht dazu. Sie ist weiterhin vom Verfall bedroht. Als wir vor zehn Jahren in dem Dorf tätig wurden, konnten in der Kirche noch Gottesdienste abgehalten werden. Das ist inzwischen nicht mehr der Fall. Der Turm ist vor drei Jahren eingestürzt. Es ist erschreckend, was in sieben Jahren passiert, wenn nichts passiert, also wenn man sich nicht um Bauwerke kümmert. Wir sind sehr traurig, dass wir Zeugen dieses Verfalls werden, können ihn aber nicht aufhalten. Für Notsicherungen haben wir einmal 50 000 Euro ausgegeben, aber das war nur ein Tropfen auf den heißen Stein. Um die Kirche zu retten, wäre ein Vielfaches nötig. Ortwin Hellmann und der Bischof von Kronstadt bemühen sich intensiv um Fördergelder, um das Baudenkmal zu restaurieren. Allerdings müsste zeitgleich ein Nutzungskonzept erarbeitet werden. In Radeln wohnen nur noch drei oder vier evangelische Christen. Die Sinti und Roma gehören der orthodoxen Kirche an und besuchen ein kleines Gotteshaus am Dorfeingang.

Mit ungefähr 20 Jahren bin ich aus der evangelischen

Die Kirche auf Gut Dietlhofen ist für jeden offen. Religion und Konfession spielen keine Rolle. Ich finde, Kirchen sind ein Ort der Sammlung, der Besinnung. Ein Ort, an dem man innehält und einen Dialog mit Gott führt, kann aber auch ein Baum sein oder eine Lichtung im Wald.

Das Gut Dietlhofen liegt unweit des Dietlhofer Sees. Die Kirche mit dem typisch bayerischen Zwiebelturm und der Hofladen mit dem Gutscafé gleich rechts daneben bilden das Zentrum des Gutes.

Diese prächtigen Tomatenstauden werden bis zu zweieinhalb Meter hoch und bringen reiche Ernte. Wichtig ist, dass sie niemals Regen ausgesetzt sind. Deshalb stehen sie auf Gut Dietlhofen im Gewächshaus oder unter Dachüberständen.

Das Pony Max genießt seinen Lebensabend bei uns. Es ist gutmütig, sehr neugierig, aber manchmal dickköpfig und stur wie ein Esel. Viele Besucher haben Freude an dem Tier. Ich auch!

Der Weiher auf dem Gut ist gewissermaßen der kleine Bruder des viel größeren Dietlhofer Sees, denn beide Gewässer werden durch den Bach gespeist, der mitten über das Gut führt.

Thomas und seine gefiederten Freunde: Der Landwirt ist schon seit 2010 auf dem Hof tätig, einige Jahre bevor ich das Anwesen erwarb. Er sagt: »Ich war eigentlich nie ein Maffay-Fan. Heute bin ich es. Ich bin ein Fan des Menschen Peter Maffay.«

Meine erste Begegnung mit einer Bisonherde hatte ich im Reservat der Lacota-Indianer, in Pine Ridge, South Dakota. Als ich dann nach Dietlhofen kam und die Bisons sah, schloss sich für mich ein Kreis.

Auf Mallorca entstand unser erster Öko-Bauernhof mit vielen Tieren, darunter Ziegen und Schafe.

Mein Traum ist es, künftig öfter als bisher in der Landwirtschaft tatkräftig mitzuhelfen. Wer weiß, vielleicht steht ja eines Tages im Telefonbuch von Weilheim: »Maffay, Peter, Landwirt«.

Das Erntedankfest spielt in der traditionellen Landwirtschaft eine große Rolle, auch für Carola und Thomas, die ihre Produkte in einem Wagenrad dekoriert haben.

Die Bisons sind die größten, die fleißigen Bienen die kleinsten Tiere auf dem Gut. Die Universität Würzburg erforscht in einem Bienenstock das Verhalten der Insekten, mit dem Ziel, deren Lebensbedingungen zu verbessern.

Gutes aus eigener Produktion und von den Nachbarhöfen bietet der Hofladen. Das Urgetreide wird erst beim Verkauf gemahlen. Garantiert frisch und natürlich Bio.

Der selbstgebackene Kuchen lockt viele Gäste ins Gutscafé. Carola verwendet dafür Urgetreide, frische Bio-Eier und die Früchte, die auf dem Gut wachsen.

Dietlhofen ist ein Ort, der alle Menschen willkommen heißt: Asylbewerber aus Weilheim tragen als Chor zum Rahmenprogramm des Weihnachtsmarktes bei.

Mitte September findet das alljährliche Hoffest statt, zu dem vor allem Familien kommen, denn für Kinder gibt es an diesem Tag viele Angebote.

»Man kann mit dem Leben mehr anfangen, als es nur immer schneller zu leben.«
Mahatma Gandhi

Bei der Grundsteinlegung für das inzwischen längst fertig gestellte Tabalugahaus war auch der Namensgeber anwesend, der kleine grüne Drache Tabaluga.

Im Gutshaus haben schon viele Generationen von Landwirten gelebt und den Hof zu dem gemacht, was er heute ist: eine grüne Oase.

In Radeln, Rumänien, ist die Natur noch bunt, vielfältig und artenreich. Aber es mangelt an Bildungs- und Freizeitangeboten für die Kinder und an medizinischer Versorgung. Hier setzt unsere Stiftung an.

Im Rahmen eines World Vision Projektes bereiste ich Bangladesch und lernte die Existenzgründerin Ranjana kennen, die mit einem Kleinkredit von World Vision ihre Hühnerfarm erweitern konnte.

Gemüsebeete für Kids heißt das Projekt der EDEKA Stiftung für Vorschüler in Kindergärten und Kindertagesstätten. Auch auf Gut Dietlhofen lernen Kinder spielerisch, wie Lebensmittel entstehen.

Warum zu Fuß gehen, wenn es Traktoren und Anhänger gibt? Eine Rundfahrt über das Gut ist oft der krönende Abschluss eines ereignisreichen Tages.

Eine Allee führt hinunter zum Gut, das in einer Senke liegt. Die Bäume weisen dem Besucher den Weg und wirken wie ein Begrüßungskomitee.

Bienen finden auf dem Gut ideale Bedingungen.
Es gibt Blumen und Blüten im Überfluss.

Auf Gut Dietlhofen stehen vielerorts Bänke. Sie sind eine Einladung an alle Besucher, Platz zu nehmen und zu verweilen, eine Pause zu machen und die Seele baumeln zu lassen.

Wenn am Weiher die Bäume blühen, ist der Sommer nicht mehr weit. Gut Dietlhofen ist aus der Winterruhe erwacht.

»Dieser Trecker, in Bayern Bulldog genannt, ist ein Fendt Dieselross Baujahr 1952 mit 12 PS. Es gibt größere Traktoren auf Gut Dietlhofen, aber ich mag diesen Oldtimer besonders gern.«

Kirche ausgetreten, weil ich mit der Institution nicht klarkam. Über den Glauben habe ich mir damals kaum Gedanken gemacht. Ich finde, dass die Kirchen – die katholische noch mehr als die evangelische – ziemlich weit von den Themen entfernt sind, die die Menschen bewegen. Außerdem gab und gibt es in beiden Kirchen die Tendenz, anderen Menschen in deren Lebensweise hineinzureden und ihnen Vorschriften zu machen. Es ist keineswegs so, dass die vielen Verbote von Gott stammen. Sie sind von Menschen gemacht, und deshalb werde ich mich ihnen ganz bestimmt nicht unterordnen. Ich glaube, Gott ist gütig und weise. Die Kirchen sind eher engstirnig und kleinlich, vor 50 Jahren natürlich noch viel mehr als heute.

Der Zwang, Kirchensteuern zu zahlen, war und ist für mich nicht nachvollziehbar. Für mich ist die Kirche einfach die falsche Adresse für den Obolus, den ich an die Allgemeinheit zu entrichten habe. Ich bin gern bereit, Steuern zu zahlen, damit habe ich gar kein Problem, denn ich profitiere von Straßen, Schulen, Rechtssicherheit und vielem mehr. Bei der Kirche sehe ich zu wenig, was als Gegenleistung zurückkommt. Zudem fehlt uns ein echter Einblick in die wirtschaftliche Effizienz dessen, was die Kirchen mit unserem Geld anstellen. Ein Mitspracherecht gibt es schon gar nicht. Wir wissen nicht erst seit dem Finanzskandal um den Limburger Bischof Tebartz-van Elst, dass insbesondere in der katholischen Kirche sehr viel Besitz angehäuft und Geld für Protz und Prunk ausgegeben wird. In früheren Jahrhunderten war das durchweg so. Der Kölner Dom oder der Petersdom in Rom und die vielen anderen Kathedralen: Musste das sein? War dieser Gigantismus wirklich notwendig? Um zu beten? – Nein! Wie viele Menschen haben auf diesen Baustellen ihr Leben gelassen? Ich glaube nicht, dass das von Gott gewollt ist. Jesus hat nicht gesagt: »Wir müssen raffen«, sondern: »Wir müssen teilen.« Das betrifft aber natürlich nicht nur das Christentum. In fast allen Religionen versucht man, die Gläubigen durch Fülle und gewaltige Monumente zu blenden.

Über Jahrhunderte hinweg haben die Kirchen die Verdummung der Menschheit vorangetrieben, um die eigene Macht zu stärken. Statt Menschen zu unterstützen, zu ermutigen und zu trösten, hat man ihnen Angst eingeflößt, Angst vor Strafe, vor der Hölle, der ewigen Verdammnis. Damit hat die Kirche den größten Reibach gemacht, den man sich vorstellen kann. Nun wird der eine oder andere entgegnen: »Das ist doch alles ewig her ...« Das Argument würde ich gelten lassen, wenn wir nicht in jüngster Zeit abermals hätten erleben müssen, dass der Name Gottes missbraucht und hinter einer schönen Fassade schäbige Verbrechen verübt werden. Viele Eltern haben ihre Kinder der Kirche und ihren Einrichtungen anvertraut in der Überzeugung, sie seien dort in allerbesten Händen. Das war leider oftmals ein fataler Irrtum, wie wir alle erfahren mussten, als die zahlreichen Fälle von Kindesmissbrauch durch Priester, Mönche und Nonnen in Internaten, Heimen und Kirchenchören öffentlich geworden sind. Was für verabscheuungswürdige Taten von Personen, die die Moral für sich reklamieren und sich das Recht herausnehmen, anderen zu sagen, was richtig und was falsch ist.

Nun ist Schuld immer individuell und niemals kollektiv. Es gibt keine Sippenhaft. Und selbstverständlich weiß ich um die wichtigen seelsorgerischen Aufgaben, die die Kirchen erfüllen. Und natürlich gibt es auch in den Kirchen absolut integre Menschen und beeindruckende Persönlichkeiten. Mit dem afrikanischen Bischof Desmond Tutu durfte ich beispielsweise jemanden kennenlernen, der ein überzeugter Kirchenmann ist, aber eben auch weltoffen, humorvoll und bereit, jedes noch so heiße Eisen anzufassen.

Insgesamt vermisse ich aber in den Kirchen eine neue Sichtweise. Es können meinetwegen immer noch dieselben alten Reifen sein, auf denen der Karren rollt, denn die Grundbedürfnisse der Menschen ändern sich ja nicht, aber das Profil auf der Karkasse müsste runderneuert werden. Die Kirche sollte inspirieren und motivieren. Das tut sie nicht. Sie verharrt und erstarrt in traditionellen Ansichten und verkrusteten Strukturen. Der kleine Anteil derer, die sie durch soziale Basisarbeit beleben, löst diese Starre nicht. Das spüren die Menschen und wenden sich deswegen ab.

Es macht mir heute keinerlei Schwierigkeiten, mit Vertretern des Klerus innerhalb unserer Stiftung zusammenzuarbeiten, aber ich sehe das als eine freiwillige Kooperation an, zu der man sich immer wieder neu zusammenfindet. Ich möchte keine Bindung an eine Religion oder Konfession, in der mir jemand vorschreibt, was ich zu tun und zu lassen habe, in der jemand über mich bestimmt.

Die Kirche und der Glaube, das sind für mich zwei verschiedene Dinge. Ich habe im Laufe der Zeit zum Glauben zurückgefunden. Es hat allerdings viele Impulse und Erfahrungen in meinem Leben gebraucht, bis ich einen neuen Zugang zu Gott hatte. Die Musik hat dazu viel beigetragen. Das ist ja auch nicht verwunderlich. Viele Gebete sind in Musik verpackt. Die Musik spielt in der Liturgie von jeher eine große Rolle. Wenn ich Musik schreibe und reflektiere, was mich bewegt, um der Musik einen Inhalt zu geben, dann komme ich spirituellen Themen und Fragen sehr nahe. Ein Song kann eine Andacht oder ein Gebet sein.

Zu glauben bedeutet für mich, die eigene menschliche Begrenztheit zu akzeptieren und für wesentliche Fragen des Lebens eine höhere Instanz anzusprechen. Das ist in meinen Augen eine ganz große Sache. Der Glaube ist für mich wie ein Leuchtturm, er ist eine Orientierungshilfe. Mit Gott ist ein Dialog noch möglich, wenn alles andere nicht mehr funktioniert. In Situationen, in denen mich selbst die Gespräche mit den engsten Vertrauten nicht weiterbringen und meine Hilflosigkeit so groß ist, dass ich sie mit jemandem teilen muss, ist Gott mein Anker.

Und warum braucht man diese Instanz, oder warum brauche ich sie? Weil ich mir sonst in gewissen Situationen wahrscheinlich aus Angst oder Sorge in die Hose machen würde. Und weil dieser Dialog mich schon oft über schwere Stunden des Lebens gebracht hat und immer noch bringt. Und auch, weil mir im Leben großartige Dinge widerfahren sind, für die ich unendlich dankbar bin: die Geburt zweier gesunder Kinder zum Beispiel.

Ich danke Gott, dass er sie beschützt und zu großartigen Menschen heranwachsen lässt. Mein Großer, Yaris, hat ein wunderbares Wesen, ein mitfühlendes Herz und ein reges Interesse an vielen Themen und Tätigkeiten – ich bin sehr glücklich darüber und dankbar für dieses Geschenk. Anouk, unsere Kleine, ist so goldig, einfach unschlagbar! Wenn ich sie morgens aus dem Bettchen hebe, strahlt sie mich an und grinst von einem Ohr bis zum anderen. Das sind Augenblicke, in denen mir täglich aufs Neue bewusst wird: Wir können fleißig sein und unser Bestes geben, hier und da Einfluss nehmen, Pläne schmieden und ehrgeizige Ziele verfolgen, aber letztendlich lenkt jemand unsere Geschicke, der größer ist als wir. Johannes Oerding hat genau das in einem wunderschönen Songtext für das aktuelle Album *Jetzt!* zum Ausdruck gebracht. Es handelt sich um den Titel »Größer als wir«:

Egal, wie man dich nennt,
Egal, woran man dich erkennt,
Egal, wer du auch bist,
Wichtig ist nur, dass es dich für mich gibt.

Während ich die Musik schrieb, hatte ich eine vage Vorstellung von den Zeilen des Refrains. Ich bat Johannes in diesem Sinne, einen Text zu verfassen, und sagte zu ihm: »Bitte schreib den Text als Gebet.« Er hat sofort verstanden, was ich meine. Mit Johannes verbindet mich eine Art Seelenverwandtschaft. Dass ich ihn anlässlich unseres Projektes »MTV unplugged« 2017 kennengelernt habe, empfinde ich als große Bereicherung für mein Leben, nicht nur künstlerisch, sondern auch persönlich.

Mein Weg zum christlichen Glauben vollzog sich nicht von jetzt auf gleich. Es war ein Prozess, der sich über viele Jahre erstreckte. Irgendwann habe ich festgestellt, dass ich Gott in meinem Leben nicht mehr missen und ihn in meinen Alltag integrieren möchte. Von diesem Zeitpunkt an bin ich wieder in Kirchen gegangen. Wenn ich unterwegs bin, halte ich stets Ausschau nach einer Kirche oder einer Kapelle. Ich verbringe dort ein wenig Zeit, zünde eine Kerze an und bete, dass mir weiter Kraft zuwächst. Ich möchte nichts geschenkt bekommen, aber ich bitte Gott: »Hilf mir über diese Runde, wherever you are.«

Oft begleitet mich Hendrikje, meine Partnerin. Wir gehen beide gern in Kirchen, auch in Gotteshäuser anderer Religionen, denn wir sind davon überzeugt, dass wir im Grunde alle einen einzigen gemeinsamen Gott haben. Deshalb ist es mir egal, ob jemand katholisch, protestantisch, jüdisch oder buddhistisch ist oder dem Islam angehört. Hendrikje ist in Halle an der Saale aufgewachsen. In der DDR spielten wie in allen kommunistischen Ländern Religion und Glaube kaum eine Rolle. Auch in Hendrikjes Familie nicht. Trotzdem war sie schon als Kind gläubig und ist es bis heute.

Unsere Lieblingskirche ist eine kleine Kapelle im Harz, zwischen Nordhausen und Blankenburg, ganz einsam im Wald gelegen. Dieses kleine Gotteshaus besuchen wir immer wieder, wenn wir in der Gegend sind. Dafür fahren wir sogar manchmal einen Umweg. Zuhause in Tutzing gehe ich öfter in die Christuskirche. Das gehört zu meinem Lebensrhythmus einfach dazu. Sie ist innen sehr modern, außen aber typisch bayerisch: weißer Putz, das Dach mit roten Ziegeln eingedeckt und ein Zwiebelturm mit einer großen Uhr.

Kirchen sind ein Ort der Sammlung, der Besinnung. Wir haben sogar selbst eine kleine Kapelle auf Mallorca gebaut. Sie liegt etwas versteckt in der Nähe unserer Finca. Beim Bau haben die Mitarbeiter der Finca geholfen, auch die muslimischen Glaubens, worüber ich mich sehr gefreut habe. Es haben also Angehörige verschiedener Religionen an diesem kleinen Gotteshaus gebaut, was meiner Vorstellung vom Glauben ziemlich nahekommt: »Egal, wie man dich nennt, egal, woran man dich erkennt, egal, wer du auch bist, wichtig ist nur, dass es dich für uns gibt.« Es gibt nur einen Gott, und der ist, wie es in dem Text von Johannes heißt, größer als alles auf der Welt, größer als wir selbst.

Allerdings sind die muslimischen Kollegen nicht mehr hineingegangen, als die Kapelle fertig und ihrer Bestimmung übergeben war. Das ist auch völlig okay. Bei uns wird niemand zu etwas gezwungen oder schief angeschaut, weil er anders denkt oder anders glaubt.

Die Kapelle ist in traditioneller mallorquinischer Bauweise errichtet. Die Außenmauern sind weiß gestrichen, Zutritt hat man durch eine massive halbrunde Holztür. Der Türbogen ist aus dem für Mallorca so typischen hellen Sandstein gemauert, ebenso wie der kleinere Bogen darüber, auf dem Dach, in dem die Glocke hängt. Das Gebäude ist zum Teil aus Resten anderer Häuser gebaut. Innen haben wir alte Fliesen verwendet, die zuvor in Pollença in einem Haus verlegt waren, das wir gekauft und für das Büro der Stiftung umgebaut hatten. Ich fand es so schön, dass wir die Küchenfliesen, die beim Umbau übrig geblieben waren, dort verbauen konnten.

In der Kapelle finden zwölf Personen Platz. Sie bedeutet mir viel, denn dort ist die Urne meiner Mutter 1991 beigesetzt worden, und dort wurde Yaris viele Jahre später getauft. Sie ist damit ein Sinnbild für das Leben, das Ende und der Neubeginn, und ich verbinde mit ihr die Erinnerung an einen sehr traurigen und einen sehr glücklichen Tag: an den Tod meiner geliebten Mutter und an die Geburt meines Sohnes. Deshalb freue ich mich, das Yaris fast täglich auf einem abendlichen Spaziergang mit den Hunden dort vorbeigeht und nach dem Rechten sieht. Ich habe ihn nicht darum gebeten. Er tut das freiwillig, was seine Fürsorglichkeit für mich noch wertvoller macht.

Anouk, unsere kleine Tochter, soll demnächst in der Kirche auf Gut Dietlhofen getauft werden. Hendrikje und ich haben das gemeinsam entschieden. Es gibt dafür aus unserer Sicht keinen schöneren Ort.

Oberhalb des Gutes gibt es am Waldrand einen beschaulichen Platz, an dem ich gern noch eine kleine Kapelle errichten wollte. Dort herrscht eine besonders friedliche Atmosphäre, wie geschaffen für die Zwiesprache mit Gott. Ich hatte schon etliche Fotos von Kapellen auf meinem Handy gespeichert und sprach oft mit Hendrikje darüber: »Schau mal, diese ist hübsch, aber ein bisschen zu groß. Oder diese, aber sie brauchte noch einen Turm. Oder diese, aber sie sollte weiß sein, wie die Gebäude auf dem Gut.«

Hendrikje zeigte sich sehr interessiert an meinen Vorstellungen und stellte mir viele Fragen zu der künftigen Kapelle. Das hat mich sehr gefreut. Ich nahm mir vor, mich intensiv darum zu kümmern, sobald unsere Tournee 2020 vorbei sein würde. Allerdings, und ich glaube, ich war selten so gerührt und so überwältigt wie an diesem Tag, haben mir dann meine Familie und meine Freunde zu meinem 70. Geburtstag eine riesige Freude gemacht: Sie haben mir eine Kapelle geschenkt!

Hendrikje hat aus allen Fotos und Skizzen, die ich bereits angefertigt hatte, die optimale Version herausgesucht und diese Aktion initiiert. Zur Einweihung ist auch mein 93-jähriger Vater gekommen. Es war an diesem Tag brüllend heiß, wir hatten über 30 Grad, und er kam sehr langsam, Schritt für Schritt und auf einen Stock gestützt über die unebene Wiese auf mich zu. Ich hatte unsere Anouk auf dem Arm, gerade neun Monate alt. Yaris und Hendrikje standen neben mir, und viele, viele Freunde waren angereist. Ich schaute abwechselnd auf meinen Vater und auf meine kleine Familie neben mir. Ich war sehr glücklich, denn ich hatte das Gefühl, dass sich etwas vollendet, was vor 71 Jahren in Siebenbürgen begann.

Drei Generationen unserer Familie hatten sich an diesem besonderen Tag in Dietlhofen versammelt. Noch nie im Leben habe ich ein so wunderbares Geschenk bekommen. Hendrikje hat mir keine Fernreise geschenkt, keine Uhr oder etwas anderes, was vielleicht naheliegend gewesen wäre, sondern ganz heimlich veranlasst, dass diese Andachtskapelle errichtet wird, mit sämtlichen Baugenehmigungen und allem, was dazugehört. Und ich hatte davon nicht die geringste Ahnung. Der Standort ist perfekt gewählt, denn man schaut von dort über grüne Wiesen hinweg genau auf den Kirchturm von Gut Dietlhofen. Nun hat der Pfaffenwinkel, dieser herrliche Landstrich, noch ein Gotteshaus mehr!

Lange, bevor sie Kirchen bauten, leiteten unsere Vorfahren ihren Glauben bekanntlich aus der Natur ab. So gab es beispielsweise Götter und übrigens auch Göttinnen der Erde, der Sonne und des Mondes, des Himmels und des Meeres. Das ist bei den australischen Ureinwohnern, den Aborigines, und den Indianern, den Ureinwohnern Amerikas, ähnlich. Mit der Vorstellung, dass sich in der Natur die Gegenwart Gottes manifestiert, kann ich sehr viel anfangen. »Wenn man betet, spricht man zu Gott«, heißt es. »Wenn man der Natur lauscht, hört man ihm zu.« Da ist eine Menge dran. Möglicherweise haben deswegen viele Menschen, die in der Natur leben und arbeiten, eine besonders enge Beziehung zum Glauben. Einer von ihnen ist Albert, ein Mann aus Südtirol. Er kommt aus einem hochliegenden Tal, einer Landschaft, so schön wie unser Pfaffenwinkel, wo man der Schöpfung vielleicht doch ein bisschen näher ist als im Großstadtlärm, im Stau auf der Autobahn oder im Supermarkt. Ich glaube, dass nicht nur alles im Leben seine Zeit hat, so wie es in der Bibel steht, sondern dass auch alles einen Ort hat. Es gibt Plätze und Landschaften, die unser Herz berühren.

Albert stand schon als 16- oder 17-jähriger Junge bei unseren Konzerten im Publikum und outete sich als großer Fan. Er hatte eine schwierige Lebensphase und einen sehr schweren Unfall überstanden und ist uns über die

Songs und deren Inhalte nähergekommen. Das Verhältnis wurde im Laufe der Jahre intensiver, aber auf eine völlig unaufdringliche Art. Er war stets respektvoll, freundlich und liebenswürdig. Jedes Jahr im Herbst kam er mit einer Kiste voller Äpfel aus Südtirol in unser Büro nach Tutzing und sprach eine Einladung zu sich nach Hause aus, die ich nie angenommen habe, bis ich mich vor ungefähr acht Jahren durch seine Hartnäckigkeit umstimmen ließ und ihm versprach: »Okay, ich besuch dich mal.«

Das habe ich dann auch gemacht. Ich war ein paar Tage mit Yaris bei ihm. An Albert entdeckte ich viele Dinge, die mir gefielen. Zum Beispiel sein Umgang mit Menschen, seine Liebe zur Natur und seine Demut vor der Schöpfung. Albert ist ein sehr religiöser Mensch und praktiziert seinen Glauben auf eine ganz bodenständige, unbeschwerte Art und Weise. Auf seinem Hof steht ein Kreuz aus Holz, schlicht und unaufdringlich, aber doch sehr wirkungsvoll.

Irgendwann sagte ich zu Albert: »Ich brauche auch so ein Kruzifix, das man sehen kann, wenn man bei mir zu Hause zum Tor hereinkommt oder das Haus verlässt.« Er gab es dann nicht nur bei einem örtlichen Handwerker in Auftrag, sondern ließ es auch weihen und brachte mir sogar einen Brief des Pastors, der dieses schöne, von Hand geschnitzte Holzkreuz gesegnet hat. Seither steht es auf meinem Grundstück in Tutzing. Weil die Holzarbeit so kostbar ist, habe ich bei einem örtlichen Spengler ein kleines Dach als Regenschutz bauen lassen.

Als es fertig war, stellte ich eine Laterne vor das Kreuz, in der Tag und Nacht eine Kerze brennt. Sobald sie abgebrannt ist, wird sie durch eine neue ersetzt. Für mich ist die Kerze ein Symbol, das mich in meinen Gedanken mit Gott verbindet. Wenn ich morgens den Frühstückstisch decke, zünde ich ebenfalls als Erstes eine Kerze an. Dieses Licht ist denen gewidmet, mit denen ich gern zusammen wäre, aber nicht zusammen sein kann, zum Beispiel meiner Mutter. Damit halte ich die Erinnerung wach. Auch Kreuze sind Symbole. Sie erinnern uns an die Kraft, die uns noch trägt, wenn alles andere versagt. Carola verkauft übrigens schlichte kleine Kreuze im Hofladen. Sie sind aus bestem Holz und werden von Hand gefertigt.

Wer auf Gut Dietlhofen ganz genau hinschaut, wird hier und da weitere Kreuze entdecken. »Es liegt ein Segen auf dem Gut«, pflegt Thomas zu sagen, und ich widerspreche ihm nicht. Der Segen ist ein Geschenk und kein Freibrief für Nachlässigkeit und Übermut, darin sind wir uns einig. Im Gegenteil, er ist die ehrenvolle Verpflichtung, auf das Land, die Natur, die Tiere und die Menschen, die hier leben, arbeiten oder Ferien machen, gut aufzupassen. Es war mir und den Kollegen in der Stiftung sehr wichtig, das neue Kinderhaus von einem katholischen und einem evangelischen Geistlichen segnen zu lassen, bevor die ersten Kinder dort eingezogen sind. Bei einer Haussegnung bittet man Gott, dass er seine schützende Hand über das Haus und seine Bewohner halten möge. Das hat ja letztlich mit einer Konfession nichts zu tun.

Es heißt: »Not lehrt beten.« Immer wenn etwas Schreckliches passiert, fragen wir: »Warum lässt Gott das zu?« Meiner Überzeugung nach lenkt Gott nicht das irdische Geschehen. Jedenfalls nicht im Detail. Das machen wir Menschen. Würde Gott sich einmischen, könnten wir es uns leicht machen, die Hände in den Schoß legen, die Verantwortung an ihn abgeben und uns hinterher beschweren, wenn es nicht gut für uns gelaufen ist. So ist meiner Meinung nach weder ein einzelnes Leben noch die gesamte Schöpfungsgeschichte gedacht. Ich glaube vielmehr: Gott schafft den Rahmen, den wir Menschen ausfüllen müssen, in dem wir wachsen und uns entwickeln können. Das ist unser Job. Dabei machen wir Fehler, um aus ihnen zu lernen. Wir haben Angst, um sie zu überwinden. Wir erleben Niederlagen, um daran zu reifen. Ich hoffe inständig, dass Gott uns in diesem Prozess unterstützt, auch wenn ich manchmal zweifle und denke, dass er angesichts von Kriegen, Hass, Terror und Umweltzerstörung vielleicht den Glauben an uns Menschen verloren hat. Man könnte es ihm nicht verübeln.

1982 brachten wir den Song »Lieber Gott« heraus. Dort heißt es: »... zeig uns deinen Weg ... dass es noch Gutes gibt.« Ich glaube, das ist es, worum wir Gott bitten können: uns den Weg zu zeigen. Nicht mehr, aber auch nicht weniger.

Inzwischen kann ich sagen: Der Motor meines Lebens ist der Glaube. Ich bin weder esoterisch veranlagt, noch ticke ich überreligiös, aber ich bin davon überzeugt, dass der Glaube uns ausrichtet und gleichzeitig auch der Antrieb ist für das, was wir tun und wofür wir leben. Bei mir ist das jedenfalls so.

VOM WOHNEN UND BAUEN

Es wird zu viel neu gebaut

▶ **GEGENÜBER VON** Hofladen und Kirche liegt das Gutshaus. Das zweistöckige, weiß gekalkte Bauernhaus mit
seinen Sprossenfenstern und den blauen Fensterläden
stammt in seiner ursprünglichen Form aus dem Jahr
1693. Natürlich wurde es im Laufe der Zeit mehrfach mo-
dernisiert und auf den Stand der Zeit gebracht. In seiner
Grundstruktur blieb es allerdings unverändert und dient
heute unseren Landwirten Thomas und Carola mit ihren
vier Kindern als gemütliches Zuhause. Mit dem großen
alten Kastanienbaum und dem bunten Blumengarten vor
der Eingangstür sieht es aus wie in einem Bilderbuch. Ein
Ort zum Leben und Wohlfühlen.

Auf Gut Dietlhofen gibt es – abgesehen vom neuen
Tabalugahaus, in dem benachteiligte, traumatisierte und
kranke Kinder Erlebnisferien verbringen können, und
unserem Gästehaus, das aus den 70er Jahren stammt –
nur alte Gebäude und traditionelle Scheunen, die entweder ganz aus Holz oder aus verputztem Mauerwerk und
Holz aus heimischen Wäldern errichtet wurden.

Ich finde es enorm reizvoll, in einem Haus zu wohnen
oder zu arbeiten, das Geschichte hat und Geschichte atmet. Die Vielfalt, die es früher in der Architektur gegeben
hat, die Einzigartigkeit alter Gebäude begeistert mich
ebenso wie die hohe Handwerkskunst, die damit einhergeht.

Jahrhundertelang war Material teuer und Arbeit billig. Bevor man einen teuren Ziegelstein einmauerte oder einen wertvollen Balken zersägte, wurde sehr genau überlegt und geplant, und dann ging man mit äußerster Sorgfalt ans Werk. So waren arbeitsaufwendige Techniken mit möglichst geringem Materialaufwand üblich, während genau das jetzt unbezahlbar ist, denn heute ist Arbeit teuer und Material billig. Wenn ich beobachte, was heutzutage auf Baustellen alles weggeworfen wird, weil Sortieren und Einlagern mehr kostet als der Neukauf, dann denke ich, dass etwas in unserem Wirtschaftssystem nicht stimmt, denn wir verschwenden damit Rohstoffe und Ressourcen.

Wir machen das auf Gut Dietlhofen nicht. Wir unterhalten einen kleinen gutseigenen Bauhof, auf dem alles gesammelt wird, was man noch gebrauchen kann: Steinplatten, Zäune, Holzbalken, Mauersteine, Türen. Man muss nicht immer alles neu kaufen, im Gegenteil, wenn alte Sachen in bestehende Strukturen eingebaut werden, sind sie viel schneller lebendig.

In früheren Jahrhunderten war die maximale Nutzung des natürlichen Tageslichts wichtig, denn künstliches Licht gab es noch nicht. Deshalb bauten die Menschen hohe Räume oder Räume mit Erker, um die Fensterflächen so groß wie möglich zu gestalten. Oberlichter über den Haustüren und Lichtausschnitte in den Zimmertüren brachten Tageslicht in sonst dunkle Korridore. Das wären doch auch für heutige Neubauten gute Ideen, denn zur Stromerzeugung verbrennen wir Kohle und erhöhen den CO_2-Gehalt in der Luft oder legen baumstammdicke Kabel auf riesigen Trassen ins Erdreich, um die aus Windkraft erzeugte Energie von der Küste nach Bayern oder Baden-Württemberg zu bringen. Strom zu sparen ist immer besser, als Strom zu erzeugen.

Ich finde es wichtig, dass wir zuweilen unseren Blick auf das richten, was unsere Vorfahren sich ausgedacht haben, denn es ist manches darunter, was zeitlos gut ist und unter den Vorzeichen des Klimawandels eine neue Gültigkeit bekommt.

Die Bewahrung und Sanierung von alten Bausubstanzen hat mich immer schon fasziniert. Die Hintergründe eines Gebäudes zu erforschen, das interessiert mich. In Spanien haben wir beispielsweise fünf historische Wassermühlen aus dem 14. Jahrhundert auf einem Hügel nahe dem Kloster Lluc erworben und nach historischen Vorlagen weitgehend detailgetreu restauriert. Sie speisen sich aus einer Quelle, die auf einem Hochplateau entspringt. Das Wasser fällt zu Tal und treibt nacheinander insgesamt sogar sieben Mühlen an. Zwei davon gehören einem Nachbarn aus Großbritannien.

Die schlaue Technik der Mehrfachnutzung von Wasserkraft, indem man es immer wieder sammelt und dann geballt erneut zu Tal stürzen lässt, geht auf die Mauren zurück. Sie ist uralt und höchst effizient. Vor Projektbeginn hatte ich mir Literatur über die traditionelle mallorquinische Bauweise besorgt. Gott sei Dank gibt es ganz hervorragende Bücher mit guten Illustrationen, die den Umgang mit Baustoffen wie Holz und Sandstein sowie die früheren Handwerkstechniken gut erklären. Damit habe ich mich intensiv beschäftigt. Mir ist klar geworden, wie sehr die Mallorquiner mit ihrer Geschichte verbunden sind, wie groß ihr Wissen über ihre alte Baukunst ist und was es ihnen bedeutet, dieses Wissen über Materialien, Verarbeitung, Formen und Farben von Generation zu Generation weiterzugeben. So erfuhr ich beispielsweise, dass die wilden Triebe aus den Olivenbäumen getrocknet und gebündelt sehr widerstandsfähige Fensterstürze darstellen, die hohen Belastungen standhalten. Die Triebe müssen zu einem ganz bestimmten Zeitpunkt geschnitten werden, denn Bäume ziehen ihre Nahrung in unterschiedlichen Zyklen aus dem Boden, und diese stehen im Zusammenhang mit dem Mond. Je nachdem, wann man Holz erntet, ist es mehr oder weniger langlebig und widerstandsfähig.

Ein Chronist der Lebens- und Bauweise auf Mallorca war der österreichische Erzherzog Ludwig Salvator. Er entstammte dem Habsburger Kaisergeschlecht, entschied sich aber dazu, Österreich zu verlassen und als Forscher die Welt zu bereisen. 1867 kam er nach Mallorca und blieb für immer. Er sammelte und systematisierte in akribischer Kleinarbeit Zeichnungen, Daten, Texte und Informationen über die Balearen und brachte ein siebenbändiges Werk heraus. Zwei der sieben Bände beschäftigen sich mit dem Bauen. Die habe ich gleich doppelt gekauft, um Ersatz zu haben, falls ich mal ein Exemplar verlege.

Leider bin ich selbst handwerklich nicht besonders versiert. Es mangelt mir schlicht an Erfahrung und an Übung. Ich bin in diesem Segment mehr ein Typ fürs

Grobe. Wenn man mir sagt, ich solle Pflastersteine auf-
schichten, oder mir eine Schubkarre gibt und mich bittet, »bring mal den Haufen Sand hier weg«, dann will ich
das gern machen, weil ich dafür kein Fachwissen brauche
und diese Arbeit sogar als Entspannung empfinde.

Ich bin der Ansicht, wir sollten ältere Gebäude wert-
schätzen und erhalten, denn man kann sie in eine neue
Verwendung überführen, ihnen neues Leben einhauchen.
Manches alte, in Vergessenheit geratene Haus wartet geradezu darauf, aus seinem Dornröschenschlaf geweckt zu
werden und eine zweite Chance zu bekommen. So war es
auch mit unseren Mühlen auf Mallorca. Niemand mahlt
dort mehr Mehl, höchstens für den Privatgebrauch, und
dann aber mit einer kleinen Getreidemühle, die in der
Küche steht. Die Mühlen dienen jetzt als Wohnungen
und Ferienwohnungen. Ich behaupte, dass man in ihren
alten Mauern bewusster lebt, besser schläft, schöner
träumt, tiefer empfindet und schneller abschalten kann
als in jedem Fünf-Sterne-Luxushotel.

Für meinen Geschmack wird viel zu viel neu gebaut.
Dadurch veränderten vormals wunderschöne Städte
und Dörfer ihr Gesicht und wurden zu eintönigen Sied-
lungen. In den Nachkriegsjahren war das vielleicht un-
umgänglich, weil Geld und Zeit für aufwendige Restau-
rierungen oder detailgetreuen Nachbau fehlte und sehr
schnell sehr viel Wohnraum für die Not leidende Bevölkerung geschaffen werden musste. In den 70er Jahren lit-
ten viele Stadtplaner aus meiner Sicht dann aber an einer
Verirrung des Geschmacks, als in vielen mittelgroßen
Städten für Umgehungsstraßen, Parkplätze und Veran-

staltungshallen der großflächige Abriss ganzer Straßen-
züge mit älteren Häusern erfolgte. Es ist, als hätte man
breite Schneisen in die Städte geschlagen.

In der ehemaligen DDR wurde das zwar auch gemacht
und dazu in ganz großem Stil, da dem maroden Staat
aber Gott sei Dank das Geld ausging, blieben viele Stadtkerne vom Abriss verschont. Nach der Wende waren wir
schlauer als in den 70er Jahren: Es wurden riesige Sum-
men in die Restaurierung historischer Stadtkerne gesteckt. Ich freue mich jedes Mal, wenn ich in die neuen
Bundesländer fahre. In Städten wie Leipzig und Dresden,
Potsdam, Erfurt und Weimar oder Quedlinburg im Harz
kann ich mich stundenlang umschauen und die alten,
in geschlossener Bauweise erhaltenen Häuserreihen bestaunen, ohne dass mir auch nur eine Minute langweilig
wird.

Meistens ist es nämlich nicht notwendig, alte Häuser
komplett abzureißen und neu zu bauen, auch wenn sich
die Nutzungsart ändert. Ein Beispiel für eine andere He-
rangehensweise ist Bad Münstereifel, eine Kleinstadt
30 Kilometer südwestlich von Bonn. Die Stadt ist ein mit-
telalterliches Kleinod mit nahezu vollständig erhaltener
Stadtmauer und einem komplett unter Denkmalschutz
gestellten historischen Stadtkern. Viele der zauberhaften
kleinen Fachwerkhäuser liegen direkt an der Erft, einem
Nebenfluss des Rheins, der sich durch die Altstadt schlängelt. Als mehr und mehr kleine Geschäfte leer standen
und keine neuen Pächter zu finden waren, die Stadtmitte

zu veröden drohte und der Ruf nach einem Einkaufszentrum auf der grünen Wiese laut wurde, entwickelten die Stadtväter einen kühnen Plan: Sie suchten Investoren für ein City Outlet, eine Ansammlung von Designerläden im historischen Kern der Stadt. Wo die Läden zu klein für die Interessenten waren, wurden zwei, drei oder vier alte Häuser mit Wanddurchbrüchen miteinander verbunden. Seit 2014 mischen sich die neuen Outlet Stores mit traditionellen Einzelhandelsgeschäften, Restaurants und Cafés der einheimischen Gastronomen.

Dieses Konzept ist einzigartig. Normalerweise werden Outlet-Center außerhalb von Städten in die freie Fläche gebaut, weil das billiger ist, man größere Läden schaffen und rundherum Tausende Parkplätze anlegen kann. In Bad Münstereifel muss man hingegen an Tagen mit hoher Kundenfrequenz einen Shuttlebus in den Ort nehmen, und nicht jede Gasse und Brücke über die Erft ist barrierefrei. Dafür wurde ein Ortskern wiederbelebt, ohne dass die Fachwerkhäuser, die kleinen Plätze und die alten Straßen weichen mussten. Kritiker beklagen, dass die Umsätze dort hinter denen großer Outlets mit riesigen Ladenflächen zurückblieben. Das mag wohl sein, aber wenn es immer nur ums Geld geht, bleiben unsere Kultur und unsere Werte irgendwann ganz auf der Strecke.

Ich bin überzeugt, dass sehr viele Menschen das Lebensgefühl in romantischen Altstädten mehr schätzen als eine volle Einkaufstüte und dass dieser Trend sich noch verstärken wird. Ob in Füssen im Allgäu, in Lindau am Bodensee, in Greetsiel an der Nordsee, im historischen Ortskern von Duderstadt oder auf Gut Dietlhofen: Die kleine heile Welt, in die die Besucher für ein paar Stunden oder einige Tage abtauchen können, ist Balsam für die Seele.

Der bekannte Zukunftsforscher Matthias Horx führte vor einigen Jahren den Begriff »Glokalisierung« ein. Darunter versteht er einen Subtrend zum Megatrend »Globalisierung«: Weil vielen Menschen der weltweite Bezugsrahmen manchmal zu komplex und der tägliche Umgang damit zu anstrengend sei, suchten sie nach einem Gegenentwurf, zumindest temporär. Horx sagt, wir brauchten das eine und das andere: »Heimat und Horizont«, »Wurzeln und Flügel«. Das möchte ich uneingeschränkt unterschreiben.

Hotels in ehemaligen Getreidespeichern, Galerien und Konzertsäle in Fabrikgebäuden, Pflegeheime in Kirchen oder Wohnungen in alten Bahnstationen: umwidmen statt abreißen, das wird erfreulicherweise immer öfter gemacht. Ein schönes altes Haus dem Erdboden gleichzumachen, um ein neues Gebäude zu errichten, das passiert immer seltener und ist aus meiner Sicht auch nur notwendig, wenn die Substanz geschädigt und es nicht mehr zu retten ist.

Ansonsten lässt sich mit den heutigen Möglichkeiten ein altes Bauwerk auf den neuesten technischen Stand bringen. Das ist nicht notwendigerweise mit höheren Kosten verbunden, aber auf jeden Fall mit mehr Innovation und mehr Phantasie, weil standardisierte Lösungen in aller Regel nicht greifen. Meistens ähnelt beispielsweise jedes Fenster zwar dem anderen, bei genauem Ausmessen wird man aber feststellen, dass die Größen um einige Zentimeter variieren. Deshalb ist im Altbau Maßarbeit gefragt. Das setzt sich bei Türen, Fußböden, Decken und Treppen entsprechend fort. Alte Gebäude sind eigensinnig. Das finde ich sehr sympathisch.

Natürlich brauchen wir neue – oder andere – Wohnungen, das ist klar. Die Entwicklung auf dem Mietwohnungsmarkt ist dramatisch. Wir haben zu wenige, zu große und zu teure Wohnungen. Es kann nicht angehen, dass Menschen, die Vollzeit arbeiten, keine bezahlbare Wohnung finden.

In einigen Städten, wie zum Beispiel in Dortmund, leben nicht mehr Menschen als in den 1960er Jahren, aber es sind doppelt so viele Wohnungen zu verzeichnen. Woran liegt das? Heute gibt es sehr viel mehr Zwei-Personen- und Single-Haushalte als früher, wo Mutter, Vater, Oma und vier Kinder zusammenlebten. Heute ist der Anspruch des Einzelnen in puncto Wohnungsfläche gewachsen. Die Städteplaner entwickeln daher mit Hochdruck neue Konzepte. Die Nachverdichtung des städtischen Raumes steht dabei ganz oben auf der Prioritätenliste. Denn es ist viel besser, man baut dort, wo es schon Abwasserkanäle und Straßen gibt, als dass man weiteres Ackerland oder Grünflächen zubetoniert und dem natürlichen Kreislauf entzieht. Was nützen die schönsten Wohnungen, wenn uns langfristig die Luft zum Atmen fehlt?

Wenn wir neue Häuser bauen, dann sollte es aus meiner Sicht möglichst keine Einheitsarchitektur sein. Ich stelle fest, dass sich die Neubausiedlungen zwischen Passau und Flensburg kaum mehr voneinander unterscheiden. Schöner ist es meiner Meinung nach, sich am traditionellen Baustil der jeweiligen Region zu orientieren. Ich finde es schade, dass darauf kaum mehr Wert gelegt wird.

Wenn wir neu bauen, dann sollten wir mit Grund und Boden sparsam umgehen. Das heißt, wir sollten mehr in die Höhe als in die Fläche bauen, vor allem Büros, Parkplätze, Einkaufszentren und andere Zweckbauten. Wir sollten ferner Industriebrachen sowie alle anderen ungenutzten Baukörper auf ihre Substanz überprüfen und überplanen, vielleicht Gleisanlagen überbauen und leerstehende Einzelhandelsgeschäfte, wo die Chance auf Neuvermietung gegen null tendiert, zu Wohnraum umwidmen. Die Zeit nach Corona wird uns in dieser Hinsicht viel Kreativität abverlangen, denn schon jetzt reduzieren Firmen ihre Bürofläche, es schließen Läden und Restaurants. Es wird also mehr gewerblichen Leerstand geben, den es zu nutzen gilt.

Viele ältere Herrschaften wohnen allein in Häusern oder Wohnungen, die sie jahrzehntelang zusammen mit ihrer ganzen Familie genutzt haben, und möchten sich aus ihrem vertrauten Umfeld auch nicht lösen. »Einen alten Baum verpflanzt man nicht«, heißt es im Volksmund. Das ist richtig. Viele von ihnen würden aber gern auf weniger Wohnfläche leben und weniger Miete zahlen oder im Falle von Wohneigentum weniger Fläche sauber und instand halten müssen. Die Teilung eines Hauses oder einer großen Wohnung in zwei Einheiten kostet Geld und ist mitunter aufwendig. Es müsste sich im Rahmen eines staatlichen Förderprogramms jemand um einen solchen

Umbau kümmern und die Senioren währenddessen in einer Übergangswohnung unterbringen, denn Baulärm und Dreck kann man betagten Menschen nicht mehr zumuten.

Ich finde auch die Idee der Tiny Houses charmant, insbesondere für junge Leute oder für Singles. Das Minihaus auf Rädern ist erschwinglich und flexibel. Man nimmt es mit, wenn man umzieht. Leider stehen in Deutschland bislang kaum geeignete Stellflächen zur Verfügung, und strenge Bauvorschriften verbieten das Aufstellen des Hauses in Nachbars Garten.

Auf Gut Dietlhofen ist lediglich das Kinderferienhaus neu gebaut worden, aber mit der gleichen Kubatur, also dem gleichen Volumen und den gleichen Außenmaßen wie das Verwaltungsgebäude, das vorher dort stand. Das war leider Schrott und beim besten Willen nicht zu retten. Beim Neubau haben wir das Mauerwerk im Untergeschoss mit Putz und im Obergeschoss mit Holz verkleidet, so wie es für Bayern typisch ist.

Warum ziehe ich alte Häuser neuen vor? Neu zu bauen bedeutet in der Regel, dort etwas entstehen zu lassen, wo zuvor noch nichts stand. Das heißt, es werden Flächen versiegelt, also bebaut, betoniert, asphaltiert, gepflastert oder anderweitig befestigt, und in diesem Punkt sind wir schon längst an ein Limit gestoßen. Denn damit gehen wichtige Funktionen, vor allem die Wasserdurchlässigkeit und die Bodenfruchtbarkeit, verloren.

Jahr für Jahr verlieren wir auf diese Weise durchschnittlich 150 Quadratkilometer Land, auf dem etwas wachsen und grünen und das zum Auffüllen der Grundwasservorräte oder als Filter für saubere Luft dienen könnte. 150 Quadratkilometer. Man stelle sich die Dimensionen vor! Das ist ein massiver Eingriff in die Natur.

Deshalb bin ich auch dagegen, dass jedes Dorf ein Industrie- oder Gewerbegebiet besitzt. Ich weiß, da geht es um Gewerbesteuern, aber das kann doch kein hinreichender Grund sein. Vielleicht könnte man eine Art Finanzausgleich zwischen den Gemeinden schaffen, wie er zwischen den Bundesländern existiert, um die Unterschiede in der Finanzkraft abzuschwächen. Wir haben für alles Mögliche Gesetze und Verordnungen. Ich bin davon überzeugt, dass wir auch eine Lösung dafür finden, dass Dörfer, die bewusst auf neue Gewerbeflächen verzichten, für die entgangenen Steuereinnahmen entschädigt werden. Außerdem ist Geld nicht alles. Hier kommt eine alte indianische Weisheit ins Spiel und die Frage: Kann man Geld essen? – Nein, kann man nicht!

Ich ärgere mich wirklich oft darüber, wie leichtfertig guter Boden zubetoniert wird und fortan als Ackerboden und Lebensraum für Flora und Fauna nicht mehr zur Verfügung steht. Wenn es nach mir geht – und im Augenblick tut es das –, wird auf Gut Dietlhofen keine neue Fläche versiegelt, obwohl wir aufgrund vorliegender Genehmigungen noch sehr viel mehr bauen dürften. Wir können die Weltbevölkerung nicht mehr ernähren, und was machen wir? Bauen, bauen, bauen, also noch mehr Boden befestigen, bei einer Fläche, die nun mal begrenzt ist. Städteplaner sprechen sogar vom »Flächenfraß«.

Wir beklagen das Artensterben und leiden unter schlechter Luft in den Innenstädten, vernichten aber immer mehr grüne Lungen. Wir können vieles substituieren, vermehren oder neu produzieren. Beim Boden geht das nicht. Diese Ressource ist endlich. Das Problem ist, das sich die Versiegelung nur schwer rückgängig machen lässt. Eine neue Bodenfauna bildet sich nur über einen sehr, sehr langen Zeitraum. Eines Tages werden wir über jeden Quadratmeter froh sein, den wir für die Landwirtschaft nutzen können, um Lebensmittel zu erzeugen, oder den wir der Natur zurückgeben können, die uns mit Sauerstoff versorgt.

Es wäre schön, wenn wir anders denken und anders bauen würden. Ich bin ein Freund davon, in den Städten die Dächer zu begrünen, und hoffe, dass es dafür bald Fördermittel des Bundes, der Länder oder der Kommunen gibt.

Ein begrüntes Dach hat viele Vorteile: Es garantiert eine verbesserte Wärmedämmung des Gebäudes im Winter und bildet ein Hitzeschild im Sommer. Und das Wichtigste ist: Die Pflanzen filtern Feinstaub und Schadstoffe aus der Luft. Soweit es sich um blühende Pflanzen handelt, geben wir damit sogar Bienen und anderen Insekten ein kleines Stück des Lebensraumes zurück, den wir ihnen im großen Stil entzogen haben.

Derzeit gibt es in einigen Kommunen vor allem in Nordrhein-Westfalen Bestrebungen, die in Mode gekommenen Steingärten zu verbieten. Naturschützer fordern das schon lange. Man sollte aus ihrer und auch aus meiner Sicht den Bauherren Anreize bieten, dass mindestens 50 Prozent der Fläche vor einem Haus begrünt sein müssen. Nur maximal die andere Hälfte der Fläche dürfte gepflastert, mit Kies oder Schotter aufgefüllt und damit dem Naturhaushalt entzogen werden. Beim Anlegen solcher Flächen wird nämlich der Untergrund mit Folien oder Vlies abgedeckt. Unkraut hat kaum noch eine Chance. Anderes Grün und Kleinlebewesen auch nicht. Außerdem kann das Regenwasser nicht mehr im Erdreich versickern, wo es dringend gebraucht wird, um den Grundwasserspiegel konstant zu halten. Es fließt stattdessen über die Kanalisation ab.

Manche Kommune macht es den Familien, die ein Grundstück aus dem Besitz der Gemeinde kaufen, zur Auflage, einen grünen Garten anzulegen. Wer damit nicht einverstanden ist, kann sich auf dem freien Immobilienmarkt umsehen, aber kein kommunales Baugrundstück erwerben. Den Namen »Garten« hat eine Steinwüste sowieso nicht verdient. Ein Garten ist ein Stück Land, auf dem Pflanzen gedeihen, und nicht eines, auf dem Steine »wachsen«. Wenn ich solche »Steingärten« sehe, möchte ich sofort ein Loblied auf die vielfach geschmähten Kleingärtner in ihren Laubenkolonien anstimmen. Es war unglaublich dumm und arrogant, über Kleingärtner zu lächeln, wie es lange Zeit der Fall war. Die Besitzer schaffen mit ihren Möglichkeiten eine grüne Landschaft, die zu einer Oase wird in einer Umgebung, wo es sonst keine mehr gibt. Das hat mit Kleinkariertheit oder Kitsch überhaupt nichts zu tun. Und wenn dort Gartenzwerge stehen, dann muss man eben über diese Gartenzwerge hinwegsehen, sofern man sie nicht mag, und dahinter den eigentlichen Sinn eines solchen Gartens erkennen.

Gott sei Dank erlebt der Kleingarten ein Comeback.

Junge Leute aus der Generation, die grün denkt und sich für Nachhaltigkeit einsetzt, stehen auf den langen Wartelisten der Laubenkolonien. Sie träumen von einem kleinen grünen Refugium am Rande der Stadt, in dem Blumen blühen, Erdbeeren gedeihen und Salat angepflanzt werden kann. Die Volkshochschulen melden eine enorme Nachfrage nach Kursen, in denen man lernt, wie man einen naturnahen Garten anlegt und Bio-Kulturen zieht.

Ich selbst mag blühendes Gras und Blumen so sehr, dass ich überall auf Gut Dietlhofen neue Stauden und blühende Gehölze, vor allem Rosen, habe anpflanzen lassen. Ich finde, Blumen sorgen für gute Laune, bei den Bienen sowieso, aber auch bei den Menschen. In Radeln in Rumänien haben wir an jedem Gebäude, das unserer Stiftung gehört, Blumenkästen angebracht, die im Sommer mit Geranien und im Winter mit Heidekraut bepflanzt sind. Einige Leute finden das komisch und sagen: »Das Haus neben dir stürzt fast ein, und du pflanzt Blumen?« Ich antworte dann: »Genau aus diesem Grund.« Ich finde, die Blumenpracht ist nicht nur schön anzuschauen, sondern wirkt wie ein Signal, das in die Zukunft weist. Wenn wir Blumen aussäen oder anpflanzen, machen wir deutlich, dass uns das Dorf am Herzen liegt und wir noch viel vorhaben.

Voriges Jahr habe ich Marina, meine Mitarbeiterin, gebeten, Tütchen mit Blumensamen an die Einwohner zu verteilen. Sie hat von dieser Idee aus gutem Grund nicht viel gehalten. Tatsächlich hat nur eine einzige Familie den Samen ausgebracht. Vor deren Haus blühten nun im Sommer Blumen. Immerhin! Vielleicht sind es nächstes

Jahr schon zwei Familien und übernächstes Jahr drei. Wir müssen eben Geduld und einen langen Atem haben.

»Mit meinem Eigentum kann ich machen, was ich will«, heißt es manchmal. Nein, das ist ein Irrtum, das kann man eben nicht. Es gibt auch im Umgang mit Eigentum Regeln. Man darf seine Autoreifen nicht anzünden und die Luft mit dem giftigen Qualm verpesten. Man darf seinen Hamster nicht quälen, und man darf auch auf dem eigenen Grundstück nicht bauen, wie man möchte, sondern hat sich an Vorschriften zu halten.

Im Grundgesetz steht: »Eigentum verpflichtet.« »Sein Gebrauch«, so heißt es dort, »soll zugleich dem Wohle der Allgemeinheit dienen.« Ich stimme dieser Aussage hundertprozentig zu. Deshalb finde ich es zum Beispiel richtig, Eigentümer von brachliegenden, aber bereits erschlossenen Baugrundstücken mitten in der Stadt mit Nachdruck dazu aufzufordern, ihre Flächen zu bebauen, als Erbbaugrundstücke zu verpachten oder zu verkaufen. Wenn sich jemand beharrlich weigert, weil er langfristig mit dem Bodenwert spekuliert, sollte es auch möglich sein, entsprechende Grundstücke gegen Entschädigung zu enteignen.

Wohnen ist ein Grundrecht. Die Sozialverpflichtung von Eigentum wird aus meiner Sicht dort mit Füßen getreten, wo Immobiliengesellschaften Tausende Wohnungen ausschließlich unter Renditegesichtspunkten kaufen, entmieten, luxussanieren und zu abenteuerlichen Quadratmeterpreisen als Eigentumswohnungen auf den Markt bringen.

Ich bin der Meinung, dass der Staat in extremen Fällen durchaus das Recht haben sollte, einzugreifen und die Notbremse zu ziehen. Wenn nur noch große Wohnungsbaugesellschaften in der Lage sind, Wohnraum zu schaffen, und die Mietpreise diktieren, dann ist das im Grundgesetz garantierte Prinzip der Gleichheit verletzt. Monopole sind immer schlecht. In anderen Branchen werden die Akteure zu Recht hart bestraft, wenn sie Preisabsprachen treffen. Bei den Mieten scheint das nicht der Fall zu sein. Warum lässt man zu, dass wenige große Investoren in der ganzen Welt eingesammeltes Kapital einsetzen, um im großen Stil Wohnungen zu kaufen und dann die Mietpreise anzuheben? Wer profitiert davon? Unser Gemeinwesen? Nein! Ist der so erzielte Profit noch demokratisch? Nein!

Wir wohnen privat in einem 50er-Jahre-Bungalow in Tutzing. Das Haus, das ich von Inga und Hans Gemperle erwarb, war einfach viel zu groß für uns. Wir haben es schon seit vielen Jahren an eine Familie vermietet. Ursprünglich war dort auch unser Musikstudio untergebracht. Das war okay. Damit wurde die Fläche gut genutzt. Als ich aber einen besseren Standort fand, wurde das Studio dorthin verlegt, weil die Musiker und Tonleute dort, falls erforderlich, auch bis in die Nacht und am Wochenende arbeiten können, ohne jemanden zu stören.

Ich hatte damals Glück und konnte in einem Bungalow gleich neben unserem Wohnhaus einziehen. Er gehörte einer alten Dame, einer Bildhauerin, die sich aus Altersgründen davon trennen wollte. Das Haus ist nicht groß. Das macht aber nichts. Mehr Platz brauchen wir nicht. Wir sind ja nur vier kleine Menschen. Für Hendrikje, Anouk, Yaris – wenn er uns besucht – und mich reicht der Platz allemal. Ganz außergewöhnlich aber sind der Garten und die Lage direkt am See. Im Herbst, wenn die Bäume ihre Blätter verlieren, können wir bei gutem Wetter aus dem Wohnzimmerfenster die 70 Kilometer entfernten Alpen sehen. Schöner geht es gar nicht. Das ist eine Qualität, die ich sehr zu schätzen weiß und für die ich außerordentlich dankbar bin.

Unsere Inneneinrichtung ist ein bunter Mix aus dem, was uns gefällt und was sich so im Laufe der Jahre angesammelt hat. Ich bin in viele Länder gereist. Ich war in Vorderasien, in Australien und in der Südsee, und überall findet man schöne Möbel aus wunderbarem Holz, das wir in Europa nicht kennen. Gleichwohl sind die Formen und Farben der Möbelstücke auch durch den Einfluss europäischer Kultur geprägt. Durch die seefahrenden, Handel treibenden Nationen wie Spanien, Portugal oder die Niederlande, die allesamt in ihren Kolonien ihren Fingerabdruck hinterlassen haben, sind Symbiosen aus der dortigen Kultur und den Einflüssen der Kolonisten entstanden. Das hat mich immer schon sehr angesprochen, und so habe ich zum Beispiel auf Bali einen ganzen Container schöner Dinge zusammengetragen und ihn nach Kanada verschifft. Damit haben wir dort unser Haus eingerichtet, und als wir dort weggezogen sind, haben wir das ganze Zeug erneut in einen Container gepackt und es nach Spanien transportiert. Und aus Spanien habe ich schließlich mit dem Auto einiges nach Deutschland gebracht.

Wir haben in Deutschland auch mallorquinische Möbel und Teppiche und natürlich zudem Mobiliar aus heimischer Produktion. Von einigem würde ich mich niemals trennen. Das sind Erinnerungsstücke, die mir viel bedeuten. Dazu zählen eine Kredenz, also ein Buffet mit Glasaufsatz, und ein Sofa, Möbel, die meine Mutter mir hinterlassen hat. Dafür mussten meine Eltern in den Anfangsjahren in Deutschland lange sparen. Auch deshalb halte ich sie in Ehren.

Als ich vor etlichen Jahren das Grundstück mit dem Bungalow am Starnberger See bezog, gehörte der Uferstreifen schon nicht mehr dazu. Den hatte man wiederum viele Jahre zuvor allen Eigentümern von Seegrundstücken abgenommen – man kann auch sagen, gegen eine Entschädigungszahlung enteignet –, um einen zusammenhängenden Uferweg zu schaffen, der für alle Bürger gedacht ist. Radfahren und Spaziergänge sowie das Verweilen auf Bänken direkt am Wasser sind dadurch für jedermann möglich geworden. Ich finde das richtig. Gemeinwohl geht vor Eigenwohl. Damit kann ich sehr gut leben. Es ist im Übrigen ein Trugschluss, zu glauben, dass man selbst nicht auch am Gemeinwohl partizipiert, sondern besser klarkommt, wenn man nur auf seinen persönlichen Vorteil achtet. Ich gehe gern am See spazieren oder fahre meine Tochter Anouk im Kinderwagen aus und profitiere auf diese Weise von dem Uferweg. Das, was allen dient, dient auch mir, denn ich bin einer von allen.

Ich denke, dass viele Menschen gern auf dem Land leben und morgens die frische Waldluft oder den Blick in den eigenen Garten genießen würden. Deshalb sollten wir nach meiner Auffassung das Wohnen in den Kleinstädten und Dörfern forcieren, wo es noch eher Leerstände und bezahlbaren Wohnraum gibt als in den Städten. Die Voraussetzung ist, dass wir die Anbindung an die Metropolen und damit an die Arbeitsplätze verbessern. Warum schaffen wir nicht Modellregionen mit Schnellbahnen, die Menschen aus ihrem ländlichen Wohnumfeld zügig an ihren Arbeitsplatz bringen? Das könnte das Aussterben der Dörfer hier und da stoppen.

Aus meiner Sicht muss mit der Behebung der Wohnungsnot in den Großstädten eine Verkehrswende einhergehen. Der Rückbau vierspuriger Straßen in den Innenstädten auf zwei Spuren würde die Anlage von Grünstreifen und Erholungszonen rechts und links der Fahrbahn ermöglichen. Auf den verbleibenden Fahrbahnen könnten automatisierte, selbstfahrende Elektrobusse im Minutentakt verkehren, deren Nutzung kostenlos ist, ähnlich wie die der Bahnen an vielen Flughäfen, die Passagiere vom Parkhaus zum Terminal bringen.

Neben dem steigenden Bedarf an Wohnraum verzeichnen wir in Deutschland ein wachsendes Interesse am »Leben im öffentlichen Raum«. Das Zuhause oder unser Arbeitsplatz können überall dort sein, wo wir uns wohlfühlen: in mietbaren Küchen für private Kochevents, gastronomischen Locations im Stil eines Wohnzimmers, Mietgärten, Grillhütten oder Coworking Spaces. Auf Gut Dietlhofen verfolgen wir ja ein ähnliches Konzept, nämlich Menschen die Tür zu öffnen, die stunden- oder tageweise bei uns sein möchten. Wir teilen das, was wir lieben, gern mit anderen. Derzeit suchen wir Bankpaten, also Menschen, die uns bei der Anschaffung weiterer Ruhebänke unterstützen. Diese Bänke sind natürlich nicht für uns selbst gedacht, sondern für jeden Besucher, der in der Natur ein temporäres Wohnzimmer sucht.

Gelegentlich bin ich beruflich in Hilversum in den Niederlanden, weil dort eines der besten Tonstudios steht. Es fällt auf, wie kreativ und pragmatisch die Niederländer mit ihrer knappen Fläche umgehen. Unsere Nachbarn machen seit Jahrzehnten von sich reden, weil sie dem Meer Land abringen, zuletzt zum Zweck der Erweiterung des Rotterdamer Hafens. Sie überzeugen aber auch mit weniger spektakulären, aber sehr wirkungsvollen Maßnahmen. So gibt es interessante Konzepte für die doppelte Nutzung von Gebäuden, beispielsweise von Schulen, deren Räume ja mehr als die Hälfte des Tages nicht gebraucht werden. Städtische Bibliothek und Schulbibliothek werden deshalb eins, die Schulkantine ist hübsch eingerichtet und wird nachmittags zu einem öffentlichen Café oder Bistro und damit zum Treffpunkt für Menschen aller Altersgruppen ...

Wenn ich mit dem Auto unterwegs bin, fallen mir viele leerstehende Gastwirtschaften und Hotels auf. Wir haben es hier mit einem Strukturwandel zu tun, den wir kaum aufhalten und erst recht nicht umkehren können. In den meisten Fällen wird es leider nicht mehr gelingen, den oft sanierungsbedürftigen Gebäuden neues gastronomisches Leben einzuhauchen, denn es gibt immer weniger Menschen, die abends und am Wochenende arbeiten möchten. Köche, Küchenhilfen und Servicekräfte sind Mangelware. Es heißt, auf einen Koch kämen in manchen Regionen 40 offene Stellen. Wer trotzdem den Schritt in die Gastronomie wagt und seine Sache gut macht, wird belohnt. Nahezu alle Restaurants, die gute Qualität und freundlichen Service bieten, laufen super. Denn die Nachfrage ist groß.

Wir haben selbst ein Gasthaus erworben, die »Alte Post« in Pähl, einem Dorf zwischen Dietlhofen und Tutzing. Es handelt sich um ein zweigeschossiges, langgestrecktes weißes Haus, das durch mehr als 20 symmetrisch über Fassade und Giebel verteilte Sprossenfenster eine sehr klare Struktur aufweist. Die einzigen Verzierungen sind die lindgrünen, mit schmalen weißen Linien dekorierten Fensterläden und der altdeutsche Schriftzug »Gasthaus zur alten Post« über der Eingangstür. Es übermannte mich die pure Leidenschaft, als ich das wunderschöne leerstehende Gebäude bei einer Autofahrt zufällig entdeckte.

Seine Ursprünge liegen im Jahr 1590. Schon damals war die Poststation in Pähl auch ein Wirtshaus. Ich stieg aus, stellte mich auf die Zehenspitzen, drückte meine Nase an den Fensterscheiben platt und war sofort Feuer und Flamme. Ein älterer Herr, der mich beobachtete, sagte: »Das können Sie kaufen.«

Im Büro haben mir meine Leute später einen Vogel gezeigt. »Was willst denn du mit einer Wirtschaft?«, fragte Albert, der sich bei uns um die Finanzen kümmert. »Ich möchte da mit dir Schweinshaxen und Bratwürstel essen«, antwortete ich. »Das geht aber nur, wenn die Gaststube wieder öffnet ...« Dorfgaststätten sind oft der soziale Mittelpunkt einer Gemeinde. Die Menschen versammeln sich dort zum Austausch, zum Feiern, zum Essen und Trinken.

Nach anfänglichen Schwierigkeiten konnten wir die »Alte Post« schließlich an einen gestandenen Koch und Gastwirt aus der Region verpachten, der sein Geschäft versteht. Jedes Mal wenn ich dort einkehre, freue ich mich nicht nur über die leckeren bayerischen Gerichte, sondern vor allem darüber, dass es gelungen ist, ein kleines Stück Gasthaus-Tradition zu erhalten, denn in Bayern existiert in gut einem Viertel aller Dörfer keine Gastwirtschaft mehr.

Das war früher einmal ganz anders. In jedem 100-Seelen-Dorf gab es mindestens eine Wirtschaft. Die Leute kamen hinein und fragten den Wirt oder die anderen Gäste: »Was gibt es Neues?« Heute sind sie schon durch Twitter und WhatsApp darüber informiert.

Ich habe übrigens zu meiner Überraschung festgestellt, dass nicht wenige Künstler ein Faible für die Gastronomie haben. Til Schweiger besitzt ein Hotel mit Restaurant am Timmendorfer Strand, Daniel Brühl eine Tapas-Bar in Berlin-Kreuzberg, Hugo Egon Balder eine Kneipe in Hamburg, Uwe Ochsenknecht eine Musikbar auf Mallorca. Sonja Kirchberger betreibt ein Restaurant auf Mallorca und Mirja Boes eines in Essen, um nur einige Beispiele zu nennen. Ich glaube, das liegt daran, dass Künstler bei allem, was sie tun, mit Menschen kommunizieren und dass ein Gasthaus eben ein Ort für Kommunikation ist. Wer eine Kneipe oder ein Restaurant hat, der mag Menschen, der hat Lust auf Austausch und Geselligkeit. Ein Gastwirt bietet Menschen einen Rahmen für ein paar schöne Stunden. Wir Künstler machen das auch: Wir schaffen mit Konzerten, Filmen oder Ausstellungen ein Umfeld, in dem Leute abschalten, sich gut unterhalten und wohlfühlen können.

Nun kann und will nicht jeder einen alten Gasthof erwerben oder wiedereröffnen, aber jeder kann sich für den Erhalt von geschichtsträchtigen Bauwerken engagieren, beispielweise in der Stiftung Deutscher Denkmalschutz oder in örtlichen Vereinen, die es sich zur Aufgabe gemacht haben, denkmalgeschützte Gebäude zu erhalten, sowie in Genossenschaften, die sich zu diesem Zweck zusammenschließen. Es macht sowieso viel mehr Spaß, gemeinsam ein solches Vorhaben zu stemmen, als allein.

Allein könnte ich die »Alte Post« nicht betreiben, allein könnte ich Dietlhofen weder instand setzen noch mit Leben erfüllen. Und das will ich auch gar nicht. Wie ein Sprichwort sagt, sind geteilte Sorgen (die man zuweilen auch hat, wenn man alte Häuser kauft) halbe Sorgen, während geteilte Freude über das Erreichte doppelte Freude bedeutet!

DIE BEGEGNUNGS-SCHEUNE

Vom Vernetzen und Teilen

▶ **DER WEG,** der mitten durch das Gut Dietlhofen führt, ist ein öffentlicher Rad- und Wanderweg. Anfangs fand ich das ein wenig befremdlich, jetzt finde ich es gut, denn so entdecken die Menschen, die zufällig hierherkommen, nicht nur das Gemüsebeet, den Hofladen und die Bisons, sondern sie lernen auch unsere Stiftung und unser Anliegen kennen. Manch guter Gedanke, manche Idee, die wir später umgesetzt haben, ist im Gespräch mit einem Wanderer oder Spaziergänger entstanden. Es ergaben sich oft sehr lebendige Begegnungen! Und es dürfen gern noch mehr werden.

Wenn jemand irgendwo sein möchte, wo auf den Wiesen Blumen blühen, wo die Hühner gackern und es nach Landluft riecht, zugleich aber auch nach Kaffee und Kuchen, dann ist er bei uns genau richtig.

Begegnungen – dieser Begriff spielt in meinem Leben schon lange eine besondere Rolle. Deshalb lag es mir am Herzen, auf Gut Dietlhofen neben der Kirche und dem Hofladen eine weitere Stätte für Begegnungen zu schaffen, einen Ort, an dem Gespräche, Konzerte, Ausstellungen und Lesungen stattfinden können. So entstand die Idee, aus der großen Scheune, die an den ehemaligen Kuhstall angrenzt, einen Begegnungsort zu machen. In dem Teil des Kuhstalls, den wir nicht für das Hofcafé benötigen, wurden die Gutsverwaltung untergebracht sowie Sanitäranlagen, die gleich einen dreifachen Nutzen haben. Denn sie sind vom Café aus zugänglich, aus der Verwaltung und aus der Begegnungsscheune.

Die Scheune blieb als Holzbau mit den Lichtausschnitten im Dachfirst und dem Heuboden erhalten. Der Innenausbau ist aber zum Teil ganz modern: eine vielseitig zu nutzende Bühne, »flexible« weiße Wände sowie Licht- und Tontechnik, die dem neuesten Standard entsprechen. Dieses Projekt war vielleicht das ehrgeizigste auf Dietlhofen, denn das geräumige zweistöckige Futterlager so umzubauen, dass es unterschiedlichen Veranstaltungen einen ansprechenden Rahmen bietet, war architektonisch anspruchsvoll und sehr kostspielig. Ganz fertig sind wir auch noch nicht. Das Dach bereitet uns Kummer, es ist an einigen Stellen nicht ganz dicht, so dass wir bei starkem Regen zu einer uralten Methode greifen und Wassereimer aufstellen müssen.

Wir haben den Veranstaltungsraum mit Mitbringseln von Weltreisen wie Traumfängern, indianischen Totempfählen und Federkopfschmuck von Indianern ausgestattet. Die Exponate stammen unter anderem von den Reisen, die die Band und mich in den 1990er und Anfang der 2000er Jahre für unser Musikprojekt »Begegnungen« in die ganze Welt führten. Sie sollen zeigen, dass Andersartigkeit eine Bereicherung ist und keine Gefahr.

Es gab mal eine Phase, da bin ich total auf Asiatika abgefahren. Ich war fasziniert von indischen, thailändischen, indonesischen und chinesischen Möbeln. Das hatte auch damit zu tun, dass mich diese Länder sehr interessiert haben. Vor unserem Haus in Tutzing steht übrigens eine Kopie eines chinesischen Kriegers. Als ich in Xian in China die Terrakotta-Armee sah, fand ich das enorm beeindruckend: mehr als 7000 lebensgroße Skulpturen, vor über 2000 Jahren als Totenwächter des damaligen Kaisers erschaffen. Kein Antlitz gleicht einem anderen. Die Physiognomie der einzelnen Gesichter rührt aus den Landschaften her, aus denen die dargestellten Personen kommen.

»Was macht ein chinesischer Krieger in Tutzing?«, mögen Sie fragen. Er erinnert mich an meine Reisen, an kulturelle Vielfalt und daran, dass man sie in seinem Leben zulassen sollte, weil diese Vielfalt uns bereichert. Und ob Sie es glauben oder nicht: Der Krieger und das Holzkreuz aus Südtirol stehen sich gegenseitig nicht im Weg – auch nicht im übertragenen Sinn. Das Leben ist wie ein buntes Mosaik, das sich aus vielen hübschen Steinchen zusammensetzt.

Bei unseren Projekt »Begegnungen« trafen wir Künstler in 14 Ländern auf vier Kontinenten, Menschen aller Religionen und Hautfarben, und machten gemeinsam mit ihnen Musik. Wir lernten viele Plätze kennen, die dazu einladen, in sich zu gehen und nachzudenken – oder eben gar nicht zu denken, einfach zu sein. In den Videos von damals sieht man zum Beispiel, wie unser Gitarrist Carl Carlton und unser Schlagzeuger Bertram Engel völlig tiefenentspannt in der Sonne am weißen Strand sitzen, auf das tintenblaue Meer hinausschauen und noch langsamer sprechen als sonst. Bertram ist als Westfale sowieso ein bisschen maulfaul, aber in Nhulunby, einem Camp auf der Nordspitze der Gove-Halbinsel in Australien, direkt am Strand des Pazifiks, wirkt er fast wie betäubt.

Wir begegneten Menschen, die in zwei Welten lebten, wie Mandawuy Yunupingu, dem Gründer, Songschreiber und Frontmann der australischen Rockband Yothu Yindi. Die Mitglieder der Band sind zum Teil Aborigines, zum Teil Australier europäischer Abstammung. Manda, wie wir ihn nannten, war ein Ureinwohner, der die Hälfte des Jahres in einem Dorf im Dschungel lebte und sich bis zu seinem Tod im Jahr 2013 intensiv um die Belange seines Volkes gekümmert hat. Die andere Zeit verbrachte er als Rockmusiker in der Stadt oder auf Reisen. Dann unterschied sich sein Leben nicht von dem anderer Musiker: Proben, TV-Auftritte, Studioaufnahmen, Interviews, Konzerte. Seine Musik war durch seine Herkunft geprägt. Er verstand es, traditionelle Einflüsse mit zeitgemäßem Sound zu kombinieren, Geschichten zu erzählen, die Millionen Menschen berührten. Genau das interessierte mich an ihm und seiner Band sowie an den vielen anderen Musikern, die wir im Laufe von mehreren Jahren trafen und mit denen wir Songs aufnahmen.

Da waren zum Beispiel Lokua Kanza, ein Sänger, Songwriter und Gitarrist aus dem Kongo, der die Musik seiner Heimat mit zeitgenössischen Mitteln interpretiert, Noa aus Israel, die sich für Frieden im Nahen Osten engagiert, und Natacha Atlas, eine belgische Musikerin ägyptischer Herkunft, die arabische und afrikanische Elemente mit moderner elektronischer Musik kombiniert.

Bei »Begegnungen I« standen das persönliche Kennenlernen und der direkte Austausch mit Menschen, die an anderen Orten auf der Erde Musik machen, sowie das Herantasten an unterschiedliche Kulturen, Traditionen und Lebensweisen im Vordergrund. Wir wollten demonstrieren, dass die Verschmelzung von musikalischen Stilen zu einem Gewinn für alle Beteiligten führt. »Begegnungen« war ein Plädoyer für Vielfalt, Offenheit und Toleranz. Wir wollten eine Tür aufstoßen und zeigen, wie reichhaltig das Angebot draußen ist, wenn man sich dafür öffnet. Wenn man sich hingegen verschließt, bekommt man das nicht mit. Dann bleibt man bei Leberwurst und Schwarzbrot – sehr lecker, aber eben nicht alles, was es gibt.

Als Manda sein Didgeridoo spielte, sagte ich: »Hey, gib mal her, das möchte ich auch machen.« Ich war davon überzeugt, dass ich das kann, und bin kläglich gescheitert. Es war überheblich, so zu denken, das wurde mir schnell klar. Erstens war das Ding viel zu schwer für mich, um es ruhig in der Hand zu halten, und zweitens spielt man es mit Zirkularatmung, das heißt, man muss einatmen, während man hineinbläst. Ich hatte keine Ahnung, wie das geht. Aber ich kann auch nicht barfuß über einen Untergrund laufen, der 50 Grad heiß ist. Die Aborigines haben Sachen drauf, die wir nicht draufhaben, und umgekehrt. Jeder auf seine Art und Weise.

Das wurde mir abermals klar, als ich mit ihm auf Fischfang ging. Gefischt wird dort aber nicht immer mit einer Angel oder einem Netz, sondern auch mit einem Speer. Man zielt, wirft und trifft. Sieht ganz einfach aus. Ist es aber nicht. Ich rannte durch die Brandung und verausgabte mich total. Wenn unsere Gruppe von meinen

Fangergebnissen abhängig gewesen wäre, wären wir verhungert. Ich traf nämlich nicht ein einziges Mal. Glücklicherweise war Manda geschickter als ich. Er schleuderte den Speer gekonnt durch die Luft, und zack, war ein dicker Fisch aufgespießt. Die Aborigines bedanken sich bei jedem Beutetier, das sie erlegt haben, weil es sein Leben hergibt, um Menschen zu ernähren. Das mag zunächst eine komische Vorstellung für jemanden sein, der sein Fischfilet fertig gewürzt im Supermarkt oder in einem Fischgeschäft kauft. Ich kann diesem Ritual aber sehr viel abgewinnen. Es dient auf jedem Fall einem viel bewussteren Verzehr von Fisch und Fleisch.

Am Ende unseres Aufenthaltes hat mich die Familie von Manda adoptiert. Das ist eine sehr große Auszeichnung für einen Fremden und ein ernst zu nehmender Vorgang. Mein Name in der Sprache seines Stammes lautet »Baykantjarry«, zu Deutsch: »Feuer«.

»Begegnungen II« trug den Untertitel »Eine Allianz für Kinder«. Der südafrikanische Star-Rapper »Zola« war dabei, der Lakota-Indianer und Musiker Robby Romero, Frontmann der Rockband Red Thunder, die international erfolgreiche chinesische Sängerin Chen Lin, Robert Wells aus Schweden, der Afghane Farhad Darya und Ruslana, die 2004 in Istanbul für die Ukraine den Eurovision Song Contest gewann.

Es ging uns allen darum, darauf aufmerksam zu machen, dass die Probleme von Kindern, die vernachlässigt wurden, chronisch krank sind, ihre Eltern verloren oder keinen Zugang zu Bildung haben, überall auf der Welt ähnlich sind und sich nur in den Dimensionen unterscheiden. Die Welt ist im 21. Jahrhundert ein Dorf geworden, die Brennpunkte sind mannigfaltig. Wir müssen helfen, wo wir können, ganz besonders den Kindern, die ausbaden müssen, was wir verbockt haben.

Auch bei uns sind Kinder und Jugendliche obdachlos, allein in München schätzungsweise 1600. Auch bei uns leben Kinder am Rande der Gesellschaft.

Zugleich wollten wir den Nachweis erbringen, dass Lösungen möglich sind, wenn man gemeinsam an Probleme herangeht, Partnerschaften aufbaut und Synergien schafft. Natürlich war das, was wir gemeinsam auf die Beine gestellt haben, nur ein Tropfen auf den heißen Stein, aber immerhin konnten wir jedem Künstler, der bei »Begegnungen II« dabei war, Geld für seine Projekte mit nach Hause geben. Jeder Künstler hat zwischen 50 000 und 60 000 Euro bekommen. Das ist weit mehr als nichts und in den meisten Ländern viel mehr wert als bei uns. Vor allem war es aber ein Symbol dafür, dass wir zusammen stärker sind als allein.

So haben wir zum Beispiel einige Brutkästen für Frühchen angeschafft und mit Ruslana in Krankenhäuser ihrer Heimatstadt Lwiw bringen können. Zola hat für sein Projekt zur Betreuung von Aids-Waisen in den Townships von Johannisburg Geld bekommen, Cesaria Evora von den Kapverdischen Inseln für den Ausbau des Musikunterrichts für Kinder in ihrer Heimat.

Das alles war möglich, weil World Vision International als Organisation und die Volkswagen AG als Firma dahinterstanden. Bundekanzlerin Angela Merkel hatte die Schirmherrschaft übernommen. Andere Staatschefs wurden Paten für Projekte in ihren Ländern, darunter der israelische Ministerpräsident Shimon Peres und der afghanische Präsident Hamid Karzai. Für Südafrika konnten wir den Friedensnobelpreisträger Bischof Desmond Tutu als Paten gewinnen, eine beeindruckende Persönlichkeit und eine ganz besondere Begegnung. Von ihm habe ich gelernt, dass der Glaube an Gott sehr lebendig, lebhaft und fröhlich daherkommen kann.

Kommerziell war *Begegnungen* kein überragender Erfolg. Manche unserer treuen Zuschauer waren enttäuscht, dass auf einem Album, auf dem »Maffay« draufstand, nicht auch 100 Prozent Maffay drin war. Die Tour war nur zu drei viertel ausverkauft. Das war nicht unser Standard. Ich hatte aber nichts anderes erwartet, vielleicht waren wir einfach zu früh dran. Einige Leute sagten: »Wie kann er nur? Was ist denn in den gefahren? Singt mit Leuten, die auf dem Baum wohnen.« Die meisten dieser »Kritiker« hatten natürlich nicht den Mut, mir das ins Gesicht zu sagen, aber man hat es gewissen Zwischentönen entnehmen können.

Wir haben es auf der Tour jedoch geschafft, viele Menschen zu überzeugen. Wenn Manda auf die Bühne trat und über die Lage der Ureinwohner in Australien sprach und darüber, wie man sie ihrer Identität und ihres angestammten Lebensraumes beraubt habe, waren die Leute elektrisiert. Der Mann war nicht nur Musiker, sondern auch Lehrer und Schulleiter. Für seine Verdienste um die Aussöhnung von Aborigines und weißen Australiern war er zum »Australier des Jahres 1992« gewählt worden. Das ist die höchste Auszeichnung, die in Australien vergeben wird. Doch das alles wusste das Publikum zuvor natürlich nicht.

Genauso wenig wussten die Leute, dass Leonard Little Finger nicht am Marterpfahl irgendwelche Weißhäute skalpiert hat, sondern Sozialpädagoge war, der nach dem Uni-Examen zu seinem Stamm zurückgegangen ist, um Kindern die Muttersprache beizubringen. Mancher Zuschauer sah im Laufe des Konzerts ein, wie dumm Vorurteile sind und wie wichtig Begegnungen, bei denen man mehr über andere Menschen, andere Traditionen und andere Musikstile erfährt.

Mit dieser Form von Weltmusik erreichten wir zudem Menschen, die zuvor nichts mit mir und meiner Band anfangen konnten. Bei Amazon schrieb jemand namens Carl im Jahr 2016, also zehn Jahre nach »Begegnungen II«: »Ich finde Peter Maffay furchtbar ... Als mir *Begegnungen* geschenkt wurde, war ich kurz davor, die CD ungehört weiterzuverschenken, habe es dann aber doch probiert – und bin seitdem begeistert.« Die Begegnung mit *Begegnungen* war also der Schlüssel zu dieser veränderten Sicht.

Unser ganzes Leben definiert sich über Beziehungen und Begegnungen. Das beginnt schon mit dem Start ins Leben. Ein Baby ist nicht überlebensfähig ohne den intensiven Kontakt zu einer Bezugsperson. Das sagen uns nicht nur der gesunde Menschenverstand und die Lebenserfahrung, sondern das belegt auch ein grausames Experiment. Im 13. Jahrhundert wollte der Stauferkaiser Friedrich II. herausfinden, welches die Ursprache des Menschen ist. Dazu wurden Säuglinge gleich nach der

Geburt von ihren Müttern getrennt und an Ammen übergeben. Diese wurden angehalten, die Babys lediglich zu füttern und zu waschen. Jeder weitere Kontakt und auch jedes Wort war ihnen strengstens verboten. Das Experiment schlug gründlich fehl. Alle Kinder starben nach kurzer Zeit. So lebenswichtig wie essen und trinken sind Zuwendung, Aufmerksamkeit und Kommunikation. Viele der Kinder, die in unseren Tabalugahäusern Ferien machen, haben genau davon viel zu wenig bekommen. Deshalb sind sie dann ängstlich, misstrauisch, kontaktgestört oder geistig zurückgeblieben.

In Japan, dem Land auf der Welt, wo am meisten geschuftet wird und wo die Berufstätigen kaum Urlaub und Freizeit haben, ist die Vereinsamung so weit fortgeschritten, dass sich Alleinstehende tage- oder stundenweise eine Familie mieten, um Menschen um sich zu haben. Der Mensch braucht zum Menschsein ein Gegenüber.

Kommunikation ist wichtig. Reden ist wichtig. Labern ist Zeitverschwendung, Lästern ist Zeitverschwendung, aber ein Austausch von Erfahrungen, Wissen, Gedanken, Standpunkten und Argumenten bringt uns weiter, jeden einzelnen Menschen und die ganze Menschheit. Ein gutes Gespräch lässt sich durch nichts ersetzen, nicht durch eine schlaue Software und schon gar nicht durch eine SMS oder WhatsApp. In Zeiten von Kurznachrichten und Messenger-Diensten wird das Gespräch zum Luxusgut.

Wir sollten uns öfter den Luxus eines Gesprächs gönnen. In der Hektik des Tages kommt das meist zu kurz. Und wer wie ich schon den lieben langen Tag das Telefon am Ohr hat, verspürt in der Regel keine Lust mehr, nach

Feierabend einen Freund anzurufen und zu fragen: »Wie geht es dir?« Das ist ein Fehler. In diesem Punkt lerne ich von Hendrikje. Sie ist vorbildlich, wenn es darum geht, Freundschaften zu pflegen und Kontakt mit der Familie zu halten. »Ruf mal den Tati an«, ruft sie mir gelegentlich nach, wenn ich morgens aus dem Haus gehe. Tati ist mein Vater. Das rumänische Wort für Papa hat sich sogar bei meinen Mitarbeitern eingebürgert, wenn sie über meinen Vater sprechen. Und auch Yaris, mein Sohn, sagt nicht Opa, sondern Tati.

Wenn ich auf mein inzwischen schon recht langes Leben zurückblicke, dann muss ich sagen, dass es meistens die Begegnungen mit Menschen waren, die mich weitergebracht haben. Meine Kumpels sind eigentlich selten Celebrities, also Prominente. Ich mache mir nichts aus »fancy people«. Meine Freunde sind »real people«, echte Typen. Es sind Mucker wie Peter Keller oder Ken Taylor aus unserer Band.

Der ehemalige Bundesaußenminister Sigmar Gabriel ist ebenfalls ein Freund von mir. Er ist jemand, den ich richtig gut finde. Die Freundschaft zu Ken oder zu Peter oder zu meinem Geschäftspartner Dieter Viering ist eine andere als die zu Sigmar. Wahrscheinlich liegt das an einem anderen Lebensstil und am anderen Lebensrhythmus. Die Freundschaft zu Dieter ist eine kumpelhafte Freundschaft, die Freundschaft zu Sigmar ist – nennen wir es so – ein bisschen respektvoller. Wir haben weniger Zeit miteinander verbracht, deshalb bin ich höflicher und vorsichtiger. Die anderen Jungs kenne ich in- und auswendig – und umgekehrt sie mich auch.

Meine Beziehung zu Hans Georg Näder, dem Inhaber von Ottobock, ist so ein Zwischending. Er ist eine beeindruckende Persönlichkeit, ein echtes Kaliber. Man muss sich mal vorstellen: Er hat ungefähr 7600 Mitarbeiter und ist dabei total geerdet und bodenständig. Ich bewundere das und gucke mir das eine oder andere von ihm ab, um unsere kleine Firma besser zu organisieren. Aber auch in puncto Genuss kann ich von ihm lernen: Er hat Spaß am Leben und lässt sich nicht verrückt machen und hetzen, während ich nicht in Ruhe bei einem Glas Wein sitzen kann, wenn noch unerledigte Dinge auf meinem Schreibtisch liegen.

Wieder anders ist die Freundschaft zu Frank Elstner. Ich verdanke ihm sehr viel. Als »Du« auf den Markt kam, war Frank der einzige Radiomann, der den Song spielte. Alle anderen winkten ab: »Zu lang!« Frank hat mir die Türen geöffnet, die meinen Weg erst möglich gemacht haben. Wir sind all die Jahre in Verbindung geblieben. Nicht, dass wir uns laufend sehen, aber wir wissen, dass wir uns jederzeit anrufen können.

Leslie Mandoki ist nicht nur mein Nachbar und mein Mieter von Studio 1 in Tutzing, sondern ebenfalls ein Freund. Ihn sehe ich beinahe täglich. Ich mag seine umtriebige Art. Wir tun uns gegenseitig jeden Gefallen und nehmen Anteil an dem, was der andere gerade musikalisch macht. Wenn wir uns unterhalten, sprechen wir manchmal ungarisch und freuen uns wie kleine Jungs, dass uns andere nicht verstehen. Ich denke, es verbindet uns auch die Tatsache, dass wir beide aus einem kommunistischen Land des ehemaligen Ostblocks stammen.

Mein väterlicher Freund war der Konzertveranstalter Fritz Rau. Er hat die Musikkultur in Deutschland entscheidend geprägt. Es gab niemanden wie ihn. Seine Künstler waren ganz unterschiedlich: zum Beispiel Udo Lindenberg, Nana Mouskouri und ich. Er organisierte Konzerte und Tourneen für Stars wie Janis Joplin, Madonna, Eric Clapton, ABBA, die Rolling Stones, Jethro Tull und Queen.

Fritz war ein lebensfroher Mensch – aber er hatte auch ein ausgeprägtes Verantwortungsgefühl. Und er war ein absoluter Workaholic. Er hat seinen Job aber nicht als Arbeit empfunden. Er liebte die Bühne, er liebte die Menschen. Bei wichtigen Konzerten war er bereits morgens um sechs an den Ticketschaltern. Da standen die Menschen in einer Hunderte Meter langen Schlange, und er ging auf die Leute zu und fragte: »Wie können wir euch das Warten angenehmer machen?« 1970 – und da kann man sehen, wie die Zeiten sich ändern – wurde er als »Kapitalistensau« beschimpft, als er eine Tournee der Rolling Stones veranstaltete und für ein Ticket 10 DM verlangte. Der Witz ist, dass man heute ein Originalticket bei eBay für 99 Euro kaufen kann, wohlgemerkt: Der Preis gilt nur für das Stückchen Papier! Fritz Rau verstarb 2013 im Alter von 83 Jahren. Ich vermisse ihn und seinen Rat noch heute.

Manchmal sind es aber nicht die großen Freundschaften, sondern ganz kleine Begegnungen, die eine große Wirkung auf uns haben. Wenn ich morgens am Starnberger See meine Runde mit dem Rad drehe, treffe ich sehr oft ein Ehepaar. Sie ist sehr krank und sitzt seit vielen

Jahren im Rollstuhl, und er schiebt den Rollstuhl, tagein, tagaus, Jahr für Jahr. Die beiden wirken keinesfalls mürrisch oder frustriert. Ich steige dann kurz ab, und wir wechseln ein paar Worte. Wenn ich weiterradle, rufen sie mir nach: »Einen schönen Tag!«, und ich denke: Meine Güte, wie unterschiedlich kann ein Leben verlaufen. Welch schweres Los tragen die beiden, und wie viel Glück habe ich! Den schönen Tag habe ich schon deshalb, weil ich laufen und aktiv sein kann. Die morgendliche Begegnung macht mich demütig und erdet mich für den Rest des Tages, komme, was da wolle.

Im Laufe meines Lebens habe ich auch gelernt, dass es nicht nur die schönen Begegnungen sind, die uns weiterbringen. Richtiges Lernen ergibt sich oft aus den Niederlagen und nicht aus den Siegen. Wenn alles gut läuft, strengt man sich weniger an. Menschen, an denen wir uns die Zähne ausbeißen oder die uns ausbremsen, zwingen uns hingegen dazu, neue Wege einzuschlagen, neue Kreativität zu entwickeln und über uns selbst hinauszuwachsen.

Eine schmähliche Niederlage, die sich aber langfristig als sehr wichtig für unsere weitere Entwicklung erwiesen hat, war die Sache mit den Rolling Stones. Wir traten 1982 als deren Vorgruppe bei einer Deutschlandtournee auf und wurden gnadenlos ausgepfiffen. Es flogen Eier, Tomaten und Cola-Büchsen. Das war unser persönliches Waterloo. Wenn wir damals nicht so eine aufs Maul gekriegt hätten, hätten wir womöglich nicht zur Normalität zurückgefunden. Wenn es anfängt, dass sich die Alben millionenfach verkaufen, verliert man ein bisschen die Übersicht und die Bodenhaftung. Natürlich hat das Fiasko mein Ego und die Eitelkeit angekratzt. Aber es hat uns alle wachgerüttelt. Und das hält bis heute an. Unterm Strich war das also gut.

Jede Begegnung hinterlässt eine Spur, daraus entsteht irgendwann eine Haltung. Meine ist: maximale Toleranz, leben und leben lassen.

Ich finde, man sollte im Leben ausgetretene Pfade verlassen, Neues wagen und von anderen lernen. Dazu sollte man viele Menschen treffen, mit ihnen sprechen, aber vor allem ihnen zuhören.

Wo gesprochen und zugehört wird, werden Vorurteile abgebaut. Selbst wenn die Standpunkte noch so weit auseinanderliegen, ist eine Annäherung oder ein Kompromiss möglich. Der Schlüssel dafür ist die Begegnung. Deshalb ist es falsch und zu kurz gedacht, wenn jemand meint, unsere Politiker sollten nicht so oft unterwegs sein und nicht in die entlegenen Winkel der Welt reisen, sondern lieber zuhause bleiben. »Reisen bildet«, sagt man, und das stimmt. Wer sich ein eigenes Bild von den Lebensumständen anderer Menschen gemacht hat und von den Problemen, aber auch um die Stärken und Vorzüge anderer Länder weiß, der wird dieses Wissen in seine weitere Arbeit einfließen lassen.

Im Laufe der Jahre hat sich für mich herauskristallisiert, dass die beste Lebensform aus Vernetzen und Teilen besteht. Vernetzen bedeutet, dass man sich mit Menschen verbindet – beruflich, privat oder im Bereich von Hobby und Ehrenamt –, die eine ähnliche Zielsetzung, ähnliche Ideale und Wertvorstellungen haben wie man selbst. Das sind meistens Personen mit ganz unterschiedlichen Stärken, Talenten und Berufen. Bündelt man diese Potentiale, so entsteht unter Umständen etwas Großes, das einer allein niemals hätte erreichen können. Das Erreichte gilt es dann wieder mit anderen zu teilen.

Auf diesem Prinzip fußt die Peter Maffay Stiftung. Ich hatte einmal eine Begegnung mit der amerikanischen Sängerin Joan Baez, die mich enorm beeindruckt hat. Als Jugendlicher habe ich zusammen mit meiner Mitschülerin Margit die Songs von Joan Baez nachgespielt. Ich habe diese ganz besondere Künstlerin verehrt, musikalisch und als Mensch mit einer enormen Zivilcourage. Joan hat sich öffentlich gegen den Vietnamkrieg gewandt. Sie hat gegen die Rassentrennung in den USA, gegen Aufrüstung und Nuklearwaffen Stellung bezogen. Als wir Anfang der 80er Jahre zusammen in Bad Segeberg auf der Bühne standen, war das für mich ein ganz großer Tag. Ich erfuhr: Von jedem Konzert, das sie spielte, gab sie die Hälfte des Erlöses an eine Organisation namens »Bread and Roses«, die ihre inzwischen verstorbene Schwester Mimi gegründet hatte, um bedürftigen Menschen zu helfen.

Das hat mich sehr nachdenklich gemacht. Und dann habe ich festgestellt, dass es eine ganze Reihe von Leuten um mich herum gab, die ähnlich unterwegs waren, die ihre Popularität nutzten, um zu vernetzen und Synergien zu schaffen zugunsten anderer, die Unterstützung brauchten. Von da an war klar, dass wir uns auch engagieren würden, und wir gründeten den Hilfsverein »Horizon e. V.«.

Schon bald gaben wir ein Benefizkonzert für afghanische Flüchtlinge, Eric Burdon war auch dabei. Ich war damals zusammen mit meinem afghanischen Freund Rahman Nadjafi in Peschawar und habe gesehen, wie die zwei bis drei Millionen Kriegsflüchtlinge dort lebten. Wir konnten anschließend ein paar Tonnen Hilfsgüter dorthin schicken. Horizon kümmerte sich um ganz unterschiedliche Projekte. Unserem Verein fehlte aber ein richtiges Konzept. Das kam erst später mit Gründung der Peter Maffay Stiftung.

Seit nunmehr 20 Jahren sitzen in unserer Stiftung viele Partner in einem Boot und rudern in dieselbe Richtung: Firmen wie VW, Edeka oder Puma mit ihren Möglichkeiten, namhafte Geldbeträge zu spenden, und Unternehmen, die in großem Stil Sachleistungen einbringen. So wurde das Tabalugahaus in Dietlhofen von dem Bauunternehmen Goldbeck errichtet, und wir bekamen nur für einen kleinen Teil der Arbeiten eine Rechnung. Der andere Teil war eine Sachspende. Die Möbel lieferte die Firma XXXLutz kostenlos. Das Engagement dieser Firmen wird wiederum ergänzt durch die Mitarbeit von Einzelpersonen, die uns beim Tag der offenen Tür als Parkplatzeinweiser oder als Getränkeverkäufer helfen, die Zäune für den Streichelzoo setzen oder den Boden auf dem Spielplatz befestigen. Unter diesen sind wiederum sehr unterschiedliche Menschen, die sich vermutlich nie begegnet wären, wenn es das gemeinsame Projekt nicht gäbe. Es sind meine Freunde aus unserem Motorrad-Chapter »Zombies Elite« ebenso dabei wie zum Beispiel ein Fachkrankenpfleger aus dem Münsterland, eine

Erzieherin aus Berlin, die Inhaber einer Wellness-Pension in Oberwiesenthal und ein Pensionär aus Tutzing. Ohne die Partnerschaften und Kooperationen, die wir haben, könnten wir die Stiftung nicht aufrechterhalten. Mein Job ist es, für die Sache zu werben und die Kontakte, die sich durch die Musik und andere öffentliche Auftritte ergeben, zu nutzen.

Inzwischen weiß ich, dass diese Art zu denken und zu handeln nicht nur im karitativen Bereich wegweisend ist, sondern in allen Lebensbereichen. Wir praktizieren genau das Gleiche auf Gut Dietlhofen, beispielsweise auf dem Gemüsefeld, wo die Herzogsägmühle, eine soziale Einrichtung der Diakonie, unser Partner ist.

»Wir haben die Flächen und ihr die Manpower«, sagten wir. »Eure Jugendlichen können gern zu uns kommen und unsere Felder mit Gemüse bepflanzen. Wir verkaufen die Produkte im Hofladen sowie an Menschen, die direkt vom Feld das Gemüse und den Salat ernten. Den Erlös teilen wir auf, jeder bekommt exakt die Hälfte.« Coworking und Co-Sharing heißt das neudeutsch. Genau das machen wir in Dietlhofen mit einer großen Selbstverständlichkeit: zusammenarbeiten und teilen.

Aber die Früchte dieser Kooperation ernten nicht nur die Herzogsägmühle und wir. Wenn durch ein solches Prinzip etwas Neues entsteht, dann ist der nächste Schritt, dieses Gut (schönes Wort, denn es ist in unserem Fall doppeldeutig) anderen zugänglich zu machen. Wir ermöglichen deshalb den Menschen, die keinen Garten haben, das Landleben mit uns zu teilen. Sie ernten das, was sie möchten, und legen ihr Geld dann in die »Kasse des Vertrauens«. Das wird enorm gut angenommen, und darüber freuen wir uns!

Aber es geht ja noch weiter. Im Gutscafé treffen sich Menschen, zufällig oder weil sie verabredet sind. Bei Hofführungen kommen Leute zusammen, die sich für die Ökolandwirtschaft interessieren. Am Weiher sitzen Spaziergänger auf den Bänken, genießen den schönen Blick aufs Wasser und kommen miteinander ins Gespräch. In der Kirche finden Veranstaltungen und Gottesdienste statt, und in der Begegnungsscheune wird es immer mehr Konzerte, Theateraufführungen, Ausstellungen und Lesungen geben.

Wir sind gern Gastgeber des Puregio-Marktes mit regionalen Lebensmitteln aus dem Landkreis Weilheim-Schongau. Heimische Lebensmittelproduzenten stellen an einem Wochenende im Sommer auf Gut Dietlhofen ihre Waren aus, um dem Endverbraucher zu zeigen, wo man in unserem Landkreis regionale und Bioprodukte direkt beim Erzeuger erwerben kann. Die Besucher können sich informieren, probieren und einkaufen.

Vor Weihnachten laden wir die Bürger der umliegenden Gemeinden und unsere Freunde aus der Stiftung zum Weihnachtsmarkt auf Gut Dietlhofen ein, im Sommer veranstalten wir ein Fest für die Freunde und Förderer unserer Stiftung, und wenn ein renoviertes oder umgebautes Gebäude oder eine neugestaltete Freifläche eingeweiht werden, feiern wir das mit der Bevölkerung und den Sponsoren.

Unseren Multifunktionssportplatz, der zwischen Kinderhaus und Kinderspielplatz liegt, verdanken wir einer

Spende des Sportartikelherstellers Puma und dem Verein »Golfender Fußballer«, kurz GOFUS e. V. Das klingt zunächst etwas merkwürdig, aber wenn man weiß, dass viele Profifußballer auch Golf spielen, erklärt sich der Vereinsname von selbst. Auf der Liste der Mitglieder stehen so bekannte Namen wie Franz Beckenbauer, Uwe Seeler, Mats Hummels, Klaus Allofs und Rainer Bonhof. Sie stellen ihre sportlichen Aktivitäten in den Dienst einer guten Sache, und zwar der Förderung sozial benachteiligter Kinder und Jugendlicher.

Zur Einweihung des Sportplatzes kam Sepp Maier, Torwartlegende und nicht nur in seiner Heimat Bayern nach wie vor ein sehr beliebter Mann und ein großer Star. Selbst die Kinder kannten den Sepp, der es sich dann nicht nehmen ließ, beim Eröffnungsspiel als Schiedsrichter aufzulaufen. Es goss in Strömen an diesem Tag, aber wir hatten trotzdem alle gute Laune und viel Spaß.

Ich glaube, dass ich nicht zu hoch greife, wenn ich sage, in zwei, drei oder vier Jahren wird Dietlhofen ein Begegnungs-, Erholungs- und Erlebnisort für noch viel mehr Menschen aus der Umgebung sein. Gut Dietlhofen ist eine eigene kleine Welt, mit einem großzügigen Angebot, das von Herzen kommt: Landluft und Landlust für alle!

DAS GÄSTEHAUS

Über Vielfalt

▸ **HINTER DER** Begegnungsscheune liegt in einem für die Öffentlichkeit nicht zugänglichen Teil, zwischen dem Kinderhaus und dem Sportplatz, ein kleines weißes Gebäude mit hellblauen Blendläden: unser Gästehaus. Bevor wir das Gut erwarben, wurden die Zimmer an Familien vermietet, die Urlaub auf dem Bauernhof machten, später an Monteure, die ein preisgünstiges Quartier suchten. Als wir uns gerade Gedanken über die künftige Nutzung machten, kamen Hunderttausende Flüchtlinge aus Syrien, Afghanistan und anderen Ländern nach Deutschland. Das war im Sommer 2015. Die Städte und Gemeinden suchten händeringend Unterkünfte, und so wurde auch unsere Stiftung angeschrieben und gefragt, ob die Möglichkeit der Unterbringung von Geflüchteten auf Gut Dietlhofen bestehe.

Selbstverständlich boten wir sofort das Gästehaus dafür an. Es ist aus humanitären Gründen, aus christlicher Nächstenliebe, aus Mitgefühl und aus vielen anderen Motiven heraus doch überhaupt keine Frage, dass man Menschen in Not hilft. So zogen zwei afghanische Familien ein, und ich erlebte, dass es bei ihnen vor allem zwei Wünsche gab: Die Erwachsenen wollten arbeiten, und die Kinder in die Schule gehen. Dieser Ansatz ist perfekt, um von Integrationswillen zu sprechen. Wer in eine Schule geht, lernt die Sprache. Damit stehen demjenigen alle Türen offen. Mit eigener Hände Arbeit schafft man Autarkie, ernährt seine Familie und bestimmt sein Leben selbst. Diese Wünsche unterscheiden sich auch nicht von unseren Wünschen, insofern sehe ich gute Chancen, viele Geflüchtete in unsere Gesellschaft und unseren Arbeitsmarkt zu integrieren. Eine der beiden Familien lebt inzwischen in Weilheim. Die Kinder sprechen sehr gut Deutsch, die Eltern ein bisschen. Der Vater hat Arbeit, und die Kinder gehen zur Schule. Die andere Familie ist nach Afghanistan zurückgekehrt. Sie hatte sich ihr Leben in Deutschland anders vorgestellt und war mit den Gegebenheiten nicht zurechtgekommen. Ich glaube, das hat weniger mit Flüchtlingen und Asylsuchenden, sondern mehr mit der Tatsache zu tun, dass manche Menschen sich leicht in eine für sie fremde Welt eingewöhnen und andere nicht.

Diese Erfahrung haben wir auch in Radeln gemacht, wo wir gerade wieder einen Landwirt suchen. Auf unserem Bauernhof ist fast alles neu: die Scheunen, die Ställe und die Maschinen. Wir haben dort Hühner, Schafe, Ziegen und Esel, einen Gemüsegarten und einige Ackerflächen. Das Wohnhaus in Radeln ist kernsaniert und top in Ordnung. Trotzdem hat es unser Landwirt nicht lange ausgehalten. Vor allem seine Frau hat sich mit den Verhältnissen im Dorf, mit der Armut und der für sie fremden Mentalität der Rumänen, Roma und Sinti überhaupt nicht anfreunden können. Daher kündigte unser Landwirt seine Stellung und ging mit seiner Familie zurück nach Deutschland.

Ganz anders war es bei Ernst. Er stammte aus Deutschland, lebte und arbeitete bis zu seinem Tod als Schreiner bei uns in Radeln und fühlte sich sehr wohl. Menschen sind nun mal verschieden. Der Traum vom Leben in einem fremden Land platzt zuweilen wie eine Seifenblase, wenn die Realität und der Alltag die Menschen einholen. Auf Mallorca gab und gibt es Tausende, die mit großen Ambitionen kamen und nachher enttäuscht die Koffer wieder packen. Seine Heimat zu verlassen, das ist keine Kleinigkeit, nicht einmal für deutsche Auswanderer auf Mallorca – und schon gar nicht für Flüchtlinge, die aus einer Staatsform und einer gesellschaftlichen Struktur kommen, in der ganz andere Normen, Werte und Sitten gelten als bei uns.

Die vorhersehbaren psychischen Folgen für die Menschen wurden im Zuge der großen Flüchtlingswelle 2015 weitgehend ignoriert oder zumindest nicht offen angesprochen. Wir erinnern uns: Angela Merkel sagte ihren inzwischen wohl berühmtesten Satz: »Wir schaffen das.« Das hat sie sicher gesagt, weil sie als Mensch anderen Menschen helfen wollte. Dafür zolle ich ihr vollsten Respekt. Aber als Gesellschaft müssen wir auch wissen, wie man große Herausforderungen bewerkstelligt. Diese Frage wurde bisher nicht hinreichend beantwortet.

Die Annahme, dass ankommende Flüchtlinge auf alle Länder der Europäischen Union verteilt würden, erwies sich als falsch, die Vorstellung, dass man die meisten von ihnen schnell in den nach Facharbeitern suchenden Arbeitsmarkt eingliedern könnte, auch. Es entwickelten sich teils chaotische Zustände in den Städten und Gemeinden, denen die Geflüchteten zugewiesen wurden.

Es fehlte an allem: Verwaltungsstrukturen, Logistik, Personal, Wohnraum und Geld. Der damalige CSU-Chef und bayerische Ministerpräsident Horst Seehofer forderte deshalb eine Obergrenze für die Aufnahme von Flüchtlingen. In Deutschland entbrannte ein heftiger Streit, der bis heute anhält, in dem sich die Parteien, aber auch gesellschaftliche Gruppen mit ihren Positionen unversöhnlich gegenüberstehen. Und da die großen Parteien auf berechtigte Sorgen von Bürgern nur beschwichtigend reagierten und keine echte, offene Aussprache zuließen, erstarkte eine rechte Partei, die AfD, und stieß in dieses Vakuum. In dieser Partei gibt es zweifellos rechtsradikale Tendenzen. Trotzdem darf man nicht jeden, der die AfD wählt, in die rechtsradikale Ecke stellen. Wenn jemand der AfD seine Stimme gibt, muss er sich allerdings vorwerfen lassen, dass er damit diese Tendenzen toleriert. Da wiederholen sich Dinge, von denen man dachte, sie seien längst erledigt. Aber deswegen panisch zu werden wäre falsch. Ich glaube, dass unsere Demokratie nach wie vor genügend Kraft besitzt, um eine solche Entwicklung aufzufangen und positiv zu beeinflussen. Das geht aber nur über Aufklärung, offene Diskussionen und dadurch, dass man die Probleme der Leute ernst nimmt. Es reicht nicht, nur gute Absichten zu äußern.

Ich habe damals, 2015, in einem Zeitungsinterview und später in einer politischen Talkshow meine Meinung dargelegt, nämlich die, dass wir im Rahmen unserer Möglichkeiten helfen müssten, aber auch ehrlich mit dem Thema umgehen und uns eingestehen sollten, wann unsere Leistungsfähigkeit und unsere Kapazitäten erschöpft sind. Irgendwann stoßen wir an eine Grenze, und zwar an eine finanzielle, an eine personelle und an eine räumliche Kapazitätsgrenze. Wir leben mit durchschnittlich 232 Einwohnern auf einem Quadratkilometer in einem der am dichtesten besiedelten Länder der Welt. In Nordrhein-Westfalen sind es sogar 530 Einwohner pro Quadratkilometer, aber in Rumänien beispielsweise nur 85. Zugleich möchte nach Medienberichten einer von drei Asylsuchenden, die nach Europa kommen, in Deutschland leben. Das macht meiner Meinung nach deutlich, dass dieser Weg so nicht weiter beschritten werden kann. Über kurz oder lang ist unser maximales Leistungsvermögen erreicht.

Es ist besser, wir schaffen es, die vielen Menschen, die in den vergangenen Jahren zu uns gekommen sind und eine Bleibeperspektive haben, gut zu integrieren, als das Land weiterhin für alle offen zu halten und damit auf ganzer Linie zu scheitern. Menschen aufzunehmen ist das eine, aber zu garantieren, dass sie eine bestimmte Qualität der Eingliederung erfahren, ist das andere. Denn schließlich stehen wir auch vor massiven interkulturellen Fragen und Problemen. Es ist ja nicht damit getan, das Grundgesetz ins Arabische zu übersetzen. Den Neuankömmlingen unsere Werte, unsere politische und gesellschaftliche Ordnung nahezubringen, das ist ein langer Prozess, der wahrscheinlich erst in der nachfolgenden Generation wirklich greifen kann.

Alles im Leben hat ein Limit. Es gibt stets ein Ende, eine Begrenzung, eine Kapazitätsgrenze oder von mir aus auch eine »Obergrenze«, um das so verpönte Wort zu benutzen. Die Aufregung um den Begriff war in meinen Augen ein Streit um des Kaisers Bart, der nichts an der Tatsache ändert, dass es keine unendlichen Ressourcen gibt.

In der Betrachtung dieses Themas müssen wir unterscheiden zwischen Flucht und Asyl einerseits sowie Zuwanderung und Migration andererseits.

Unser Grundgesetz sieht vor, dass Menschen, die aus ethnischen, religiösen oder weltanschaulichen Gründen verfolgt werden, einen Antrag auf Asyl in Deutschland stellen können, der in jedem Einzelfall geprüft wird. An diesem Grundsatz will wohl kaum jemand etwas ändern. Wer echte Asylgründe hat, also aus politischen, religiösen oder anderen Gründen verfolgt und mit Inhaftierung oder sogar mit dem Tode bedroht ist, wird in Deutschland Schutz finden. Der Betroffene wird sicher an dem Asylverfahren konstruktiv mitwirken und korrekte Angaben zu seinem Alter und seiner Herkunft machen.

Wenn Menschen sich aus wirtschaftlichen Gründen auf den Weg nach Europa machen, geht es hingegen nicht um Flucht und Verfolgung, sondern um Migration beziehungsweise Zuwanderung.

Ich verstehe jeden Menschen, der in unserem freiheitlichen, demokratischen, reichen Land leben möchte. Gleichwohl können wir diesen Wunsch nicht jedem erfüllen. Wirtschaftliche Gründe allein reichen aus meiner Sicht nicht aus, um daraus den Anspruch auf ein Leben in Deutschland abzuleiten. Wie soll das funktionieren? Wie sollen unsere Strukturen das verkraften? Von der Schule über den Wohnungsmarkt und das Gesundheitswesen, den Pflegebereich bis zum Rentensystem. Wie wollen wir das der nachwachsenden Generation erklären, der wir diese unlösbare Aufgabe übergeben? Bisher ist jeder, der in diese Richtung argumentiert, die Antwort auf die Frage, wie das in der Praxis aussehen soll, schuldig geblieben. Ich halte die unbegrenzte Aufnahmekapazität für eine geradezu gefährliche Illusion, für eine romantische Utopie. Sie schädigt und spaltet unsere Gesellschaft, und zwar ganz gewaltig. Wenn wir das weiter so handhaben, kracht unser System irgendwann zusammen.

Diese beiden unterschiedlichen Sachverhalte, Flucht und Asyl einerseits und Migration und Zuwanderung andererseits, haben sich in der politischen Diskussion und in der Praxis jedoch mehr und mehr vermischt. Uns fehlen klare, für die Bürger nachvollziehbare Definitionen und eindeutige Regeln, wie sie ein Zuwanderungsgesetz beinhalten könnte. Solange uns ein solches Gesetz fehlt, senden wir aus meiner Sicht falsche Signale, nämlich die, dass unser Land prinzipiell jedem offensteht. Wir machen den Menschen etwas vor, die zumeist aus Afrika nach Europa aufbrechen möchten, und lassen sie in ein offenes Messer laufen. Das ist unredlich. Wir sollten nicht mehr versprechen, als wir auch tatsächlich leisten können. Das Schlimmste, was uns passieren kann, ist, dass wir ab einem gewissen Punkt gar nicht mehr zu helfen vermögen.

Ich bin für diese Meinung teilweise massiv kritisiert worden. Einige Leute haben versucht, mich in die rechte Ecke zu stellen oder mir das Mitgefühl für Menschen in

Not abzusprechen. Beides lasse ich mir nicht nachsagen. Mit rechts oder links hat das nicht das Geringste zu tun.

Ich bin froh, dass wir in Deutschland ein offenes Miteinander vieler Kulturen und Einflüsse aus aller Welt leben. Auch meine alte Heimat Siebenbürgen entwickelt sich seit dem Ende des Kommunismus wieder in diese Richtung. Wenn ich heute in Kronstadt das muntere Treiben beobachte, schöpfe ich Hoffnung für die Zukunft des Landes. Da spielen Bands aus aller Herren Länder, junge Leute unterhalten sich in vielen unterschiedlichen Sprachen, und von siebenbürgischen Krautwickeln über Pizza und italienisches Eis bis zum Dönerteller wird alles angeboten. Wer sich wie ich noch an die gedrückte Stimmung und die Tristesse zu Zeiten des Kommunismus erinnern kann, weiß den Unterschied umso mehr zu schätzen.

Wir versuchen, mit unserer Stiftung zum Wandel in Rumänien einen kleinen Beitrag zu leisten. Denn wenn die Väter und Söhne ihre Familien verlassen, um in Deutschland zu arbeiten, mag das kurzfristig etwas mehr Geld in arme Dörfer wie Radeln bringen. Mittel- und langfristig wird es aber zu weiterer Verelendung führen, weil die Grundlagen fehlen, aus denen sich eine echte Zukunftsperspektive entwickeln kann. Unser Ziel ist es deshalb, den Menschen an Ort und Stelle zu helfen.

Die Bereitschaft zu helfen, vor Ort oder in Deutschland, steht nicht im Widerspruch dazu, dass ich kritische Anmerkungen zum Thema Migration, Zuwanderung und Asyl in Deutschland mache und eine sachliche, vorurteilsfreie Diskussion darüber als den richtigen Weg ansehe. Wenn wir in Deutschland Menschen diffamieren und sofort in irgendeine ideologische Schublade stecken, weil sie eine Meinung äußern, die anderen nicht in den Kram passt, dann stehen wir vor einem noch viel größeren Problem als angenommen. Dann geht es um eine substanzielle Krise unserer Demokratie, und die halte ich für noch schwerwiegender als die sogenannte Flüchtlingskrise. Es ist nicht demokratisch und nicht korrekt, Menschen mundtot zu machen. Wer Menschen aus der gesellschaftlichen Mitte drängt, muss sich nicht wundern, wenn er sie plötzlich am Rand wiederfindet. Die extremen Parteien reiben sich die Hände, denn sie profitieren davon.

Es war die Unsicherheit, vielleicht sogar Feigheit, mit den Fakten nicht ehrlich umzugehen, die mich aufgeregt hat. Wer über Kriminalität, das Abtauchen von Zuwanderern in die Illegalität, den Missbrauch des Asylrechts, die Gefahr durch Clan-Strukturen, Hassprediger und Parallelgesellschaften sprach, der wurde schnell als ausländerfeindlich abgestempelt. Selbst die, die es besser wussten, haben auf dem Höhepunkt der Debatte geschwiegen, aus Angst, als reaktionär zu gelten. Da sagt man Dinge wider besseres Wissen aus purem Opportunismus. Bloß nicht anecken! Besser in das Horn blasen, in das der Mainstream bläst. Es ist aber die Pflicht der Politik und der Gesellschaft, unbequeme Fragen aufzugreifen und schwierige Themen anzupacken! Und die Diskussion von damals hat weder an Relevanz noch an Aktualität eingebüßt. Das Thema Migration und Zuwanderung ist so wichtig und präsent wie 2015 und spaltet nach wie vor die Gesellschaft.

Ich weiß nicht, wie es ist, aus einem vom Bürgerkrieg

gebeutelten Land zu fliehen und in einen rostigen Kahn zu steigen, der alles andere als seetüchtig ist. Aber ich habe selbst Unterdrückung und Gewalt erlebt und kenne die Angst, die damit einhergeht. Ich weiß, wie es ist, die Heimat verlassen zu müssen und woanders von vorn anzufangen. Das ist eine enorme emotionale Achterbahnfahrt. Viele Menschen verkraften das zeit ihres Lebens nicht, leiden unter Heimweh und werden krank davon. Meine Mutter zum Beispiel. Nach unserer Ausreise hat sie nie mehr so frei und herzlich lachen können wie zuvor. Was es bedeutet, seine Heimat zu verlieren, kann nur ermessen, wer das erlebt hat.

Wir waren bei weitem nicht die einzige Familie, die vor dieser großen Herausforderung stand und lernen musste, wie die Gesellschaft, die Behörden und die Menschen in Deutschland ticken. Ganz Waldkraiburg, wo wir zunächst wohnten, war eine Flüchtlings- und Vertriebenenstadt, eine von fünf in Bayern. Sie waren eigens nach dem Krieg gebaut worden, um die vielen deutschstämmigen Flüchtlinge, Aussiedler und Spätaussiedler aus den kommunistischen Ländern Osteuropas aufzunehmen. Dadurch bildeten sich Schicksalsgemeinschaften. Man fühlte sich nicht allein, aber gesamtgesellschaftlich war man doch isoliert. Schon die Adresse gab Aufschluss darüber, dass man ein Fremder war.

Vor dem Hintergrund eigener Erfahrung und aus grundsätzlicher Überzeugung gelten aus meiner Sicht einige grundlegende Kriterien für unser Zusammenleben: Wenn jemand in eine Gesellschaft eintreten möchte, muss er die Spielregeln akzeptieren. Da kann er kommen, woher er will. Das ist völlig gleichgültig. Als wir aus Rumänien nach Deutschland kamen, haben wir einige Sachen, die hier anders gelebt werden als in Rumänien, einfach übernommen. Das war gar keine Frage.

Möchte jemand in Kanada eingebürgert werden, muss er den Nachweis erbringen, dass er die dortige Lebensform kennt, akzeptiert und bereit ist, sie anzunehmen. Wer das nicht will oder nicht kann, wird kein Staatsbürger. Es gibt noch andere liberale Gesellschaften, die das so handhaben, Australien und Neuseeland zum Beispiel. Ich glaube, es ist ganz natürlich, seinen Rahmen abzustecken und klarzumachen, was geht und was nicht geht. Man gehört deshalb nicht zu einer kleinen Zahl von geächteten Staaten, die Druck auf andere ausüben. Kanada ist kosmopolitisch und hat seit ewiger Zeit eine Einwanderungsquote. Warum macht ein Land so etwas, das viel mehr Platz hat als wir? Ich denke, weil man dort weiß, dass ein Staat nicht in der Lage ist, einen unbegrenzten Zuzug zu verkraften.

Die Tatsache, dass wir in Deutschland wählen können, ist ein Privileg. Die Tatsache, dass wir hier Religionsfreiheit haben, ist ein Privileg. Die Tatsache, dass wir vor dem Gesetz gleich sind, ist ebenfalls ein Privileg. Wenn man diese Vorzüge für sich in Anspruch nehmen möchte, muss man aber auch die Kriterien akzeptieren, die Deutschland zu einer liberalen Demokratie machen und damit diese Vorrechte erst ermöglichen. Sonst ist die Logik gestört. Man kann nicht die Vorteile genießen, ohne die Verpflichtung einzugehen, das gesamte Konstrukt zu achten und zu beschützen.

In Deutschland ordnet das Grundgesetz das Zusammenleben aller Menschen. Wenn jemand diese Grundlage ignoriert – und leider tun das einige derer, denen die Hand gereicht wurde –, hat er meiner Meinung nach in Deutschland nichts verloren. Wenn jemand unsere Gesetze missachtet, warum will er dann hier leben? Ein solches Verhalten zu akzeptieren wäre keine Toleranz, das wäre Selbstaufgabe.

Gehört der Islam zu Deutschland? Diese Frage wird seit Jahren sehr emotional diskutiert. Vielleicht sollte sie besser lauten: Welcher Islam gehört zu Deutschland?

Da wir jedem Gläubigen Religionsfreiheit garantieren, gehört der Islam nach meiner Auffassung genauso zu Deutschland wie das Judentum, der Buddhismus oder der Hinduismus. Ferner gehört der Islam zur Welt, so wie Deutschland zur Welt gehört. Deutschland ist keine Insel. Hier arbeiten Ärzte und Wissenschaftler aus aller Welt. Deutsche Firmen gehen dahin, wo sie dem globalen Wettbewerb am besten standhalten können. Selbst mittelständische Unternehmen produzieren in Indien, China, Mexiko und so weiter. Unsere Produkte verkaufen wir weltweit, der Export ist die wichtigste Säule unserer Wirtschaft. Es ist also idiotisch zu glauben, dass wir unser Land abschotten könnten gegen alles, was von außen kommt.

Der praktizierte Islam hat indes leider – anders als der Buddhismus oder der Hinduismus – in mancherlei Hinsicht eine Form angenommen, die wir in der freien Welt nicht tolerieren können. Wenn sich eine Religion über andere Religionen stellt, ist das nicht akzeptabel.

Wenn jemand für sich in Anspruch nimmt, den besseren Gott anzubeten, und daraus Herrschaftsphantasien und Machtansprüche ableitet, dann hat das nichts mit Religions- und Glaubensfreiheit zu tun. Der liberale Islam, der die Sichtweise Andersgläubiger respektiert und nicht antastet, ist hingegen genauso gut wie ein liberales Christentum oder irgendeine andere liberale Religion.

Es gab vor einiger Zeit die Forderung, das christliche Kreuz aus den Schulen zu verbannen, weil es angeblich die Religionsfreiheit beeinträchtige. Darüber wurde sogar vor Gericht gestritten. Meine Meinung ist, dass ein Kreuz durchaus in einer Klasse hängen kann, solange auch klargestellt ist, dass andere Religionen gleichermaßen geduldet werden. Wenn also eine Schülerin ein Kopftuch freiwillig und selbstbestimmt trägt, dann ist das genauso zulässig. Ein generelles Kopftuchverbot finde ich völlig falsch. Wie kann man, wenn jemand aus Überzeugung ein Kopftuch trägt, sagen: »Das darfst du nicht?«

Ein Kopftuch bedrängt niemanden, es beeinträchtigt niemanden. Wenn jemand sagt: »Ich mache das, weil ich die bessere Religion habe, und die steht über deiner«, dann ist das falsch. Dann ist aber nicht das Kopftuch falsch, sondern die Einstellung.

Wenn jemand sich hingegen ganz vermummt, dann verletzt das unsere Spielregeln, das ist eine andere Geschichte. Vermummung schafft Anonymität, die womöglich dazu dient, staatsfeindliche Aktivitäten zu entwickeln. In Deutschland, überhaupt in der westlichen Welt, zeigen wir unser Gesicht. Wir verstecken uns nicht.

Das ist Teil unseres kulturellen Codes und dient dem Vertrauen zueinander.

Es stört mich aber nicht, wenn ich auf dem Flughafen einen Mann in Begleitung von fünf Frauen sehe, die Burka tragen. Die Familie ist auf Reisen und besucht unser Land. Es ist Teil ihrer Kultur, sich so zu kleiden. Darauf Einfluss nehmen zu wollen steht uns nicht zu. Unser Verständnis ist nicht zwangsläufig identisch mit dem anderer Menschen in anderen Ländern. Wir haben aber deren Lebensformen zu respektieren, solange sie im Gegenzug unsere achten. Und dazu gehört, dass die Burka in unserer Alltagskultur nicht verankert ist. Nach unseren Regeln und Gesetzen gibt es auch keine Zwangsheiraten, keine Vielehen und keine Kinderehen. Das bedeutet, wenn ein Mann mit fünf Frauen verheiratet ist, kann er in dieser Konstellation in Deutschland nicht eingebürgert werden. Wenn ein Migrant das nicht akzeptieren kann, dann ist Deutschland das falsche Land für ihn. Wenn jemand der Auffassung ist, Frauen seien in erster Linie auf der Welt, um dem Mann zu dienen, dann ist Deutschland nicht das richtige Land für ihn. Wenn jemand seine Kinder nicht in die Schule schicken möchte, weil Jungen und Mädchen gemeinsam unterrichtet werden, dann sollte er sich nach einem Land umsehen, in dem das nicht üblich ist.

Ich finde, das müssten unsere Politiker über Parteigrenzen hinweg laut und deutlich sagen. Aus Bequemlichkeit, ideologischer Verblendung, Angst oder falsch verstandener Toleranz zu schweigen heißt, den Radikalen das Feld zu überlassen, die es nutzen, um Ängste und Hass zu schüren.

Die Diskussion um diese Themen zeigt deutlich, wie schwer wir uns in unserer Gesellschaft in der Beurteilung dieser Fragen tun und wie wenig Souveränität wir im Umgang damit entwickelt haben.

Viele Leute, die zu uns kommen, sind dem Tod von der Schippe gesprungen. Andere stehen aus wirtschaftlicher Not vor unserer Tür. Und wieder andere kommen unter falschem Namen, mit einer erfundenen Geschichte und dem Ziel, unserem Land zu schaden. Wir brauchen sehr rasch und zwingend eine Differenzierung, eine konsequente Abschiebung von Straftätern, die Aberkennung des Asylstatus, wenn er missbraucht wird, und ein Einwanderungsgesetz. Mit einem Einwanderungsgesetz können wir verbindliche Kriterien festlegen, die für beide Seiten Verlässlichkeit und Rechtssicherheit schaffen, sowohl für die hiesige Bevölkerung als auch für diejenigen, die gern in Deutschland leben möchten.

Und natürlich gibt es seitens der Neubürger eine Pflicht, an der Integration mitzuwirken. Wenn das geschieht, gibt es nach wie vor eine große Hilfsbereitschaft in der deutschen Bevölkerung. Auch unsere Stiftung leistet einen kleinen Beitrag dazu, ein Tropfen auf den heißen Stein, aber immerhin ein Tropfen. Besonders in unserer Einrichtung in Jägersbrunn sind häufiger Jugendliche zu Gast, die als unbegleitete minderjährige Flüchtlinge in unser Land kamen. Sie unternehmen Ausflüge zur Zugspitze oder in die bayerische Schlösserstadt Füssen, besuchen einen Erlebnisbauernhof, einen Kletterwald oder nutzen einen unserer drei Workshops. Im Angebot sind Kochen, Reiten und Musizieren.

Was bringt das den Jugendlichen? Und was bringt das unserer Gesellschaft? Die Jugendlichen lernen Spielregeln kennen und einzuhalten. Wir erklären ihnen, warum das Zusammenleben nur funktionieren kann, wenn jeder sich an die Regeln hält. Anschließend losen wir die Zimmerbelegung aus, weil es in Jägersbrunn Zwei- und Dreibettzimmer gibt. Anfangs möchten natürlich alle Jugendlichen in einem Zweibettzimmer schlafen, aber sie akzeptieren den Losentscheid als faires Verfahren, bei dem jeder die gleichen Chancen hat. Niemand überkommt das Gefühl, benachteiligt zu werden.

Schließlich arbeiten wir mit den Jugendlichen die Programmvorschläge durch und sprechen Empfehlungen aus. Wir streben eine Mischung aus Unterhaltung, Sport und dem Kennenlernen von Land und Leuten an. Das klappt meist auch sehr gut.

Wenn ich später in einem Bericht vom Betreuer einer Gruppe Sätze lese wie die folgenden, dann erübrigen sich Fragen nach der Sinnhaftigkeit solcher Aufenthalte von jugendlichen Flüchtlingen von selbst:

Die Stimmung der Gruppe war spürbar gut. Alle Jugendlichen, auch O., der nicht geritten, aber mitgelaufen ist, haben sehr viel über Pferde und den Umgang mit ihnen sowie über ihr eigenes Verhalten gelernt. Im Anschluss an das Reiten waren die Jugendlichen merklich zugänglicher und redseliger. Sie erzählten viel von ihrer Heimat, was sie sonst nicht oft tun. Gegen Mittag sind wir gemeinsam nach Oberammergau zur längsten Sommerrodelbahn der Welt und zum

Kletterwald gefahren. A. konnte leider aufgrund seiner amputierten Hand nicht am Klettern teilnehmen. Besonders erfreulich war, dass O. später an diesem Abend freiwillig und mit großem Eifer beim Grillen geholfen hat. An diesem Abend konnten wir Betreuer sehr stark beobachten, dass die Jugendlichen glücklich und zufrieden waren. Die Themen wechselten später zu privaten Geschichten aus der Heimat, was für uns besonders überraschend kam. Wir Betreuer saßen mit F., M., O. und A. gemeinsam um den Grill herum und haben uns die einzelnen persönlichen Schicksale der Jugendlichen angehört.

Eine vielschichtige, freie Gesellschaft ist wie ein kunterbuntes Bild mit zahlreichen Farbverläufen. Alles hängt mit allem zusammen und bedingt sich gegenseitig. Es gibt nichts, was man trennen und isoliert betrachten könnte. Ein demokratisches Land ist permanent in Bewegung. Es entstehen Standpunkte, die miteinander konkurrieren, es gibt Pro und Contra, so wie Farben, die changieren. Selbst der Radikalismus von rechts oder links oder religiöser Fanatismus sind bislang nur hässliche Flecken in der Farbkomposition. Solange der Rahmen des Bildes nicht beschädigt wird, also unser Grundgesetz und die darin verankerten grundsätzlichen Rechte und Werte nicht ernsthaft bedroht sind, werden wir auch diese »Fehlfarben« aushalten – und das Bild wird nicht von der Wand fallen. Solange der Rahmen hält, kann unserer Gesellschaft nichts passieren.

Mein Sohn wächst in Spanien auf. Er ist deutscher Staatsbürger, schreibt aber besser Spanisch als Deutsch, weil er auf Mallorca lebt und dort zur Schule geht. Für einen Spanier ist Yaris einer von vielen Ausländern auf Mallorca. Das ist dort Normalität.

Marina stammt aus Sardinien und war in Deutschland Polizistin, bevor sie zu uns wechselte.

Mein Freund Ken Taylor, Bassist in unserer Band, ist dunkelhäutig. Er wurde in London geboren. Seine Eltern waren Einwanderer aus Jamaika. Kens Sohn Leon, der als Backgroundsänger mit uns unterwegs ist, kam in Deutschland zur Welt und ist, wie sein Vater, inzwischen deutscher Staatsbürger. Wenn er mit seinen Freunden in Frankfurt telefoniert, spricht er perfektes Hessisch. Wo ist das Problem? Ich sehe keines!

In der Verwaltung von Gut Dietlhofen arbeitet Rebecca, eine junge Frau mit dunkler Hautfarbe, deren Eltern aus Afrika stammen. Sie spricht das schönste Deutsch und hat wie viele hier einen bayerischen Akzent. Auch das ist nichts Besonderes mehr.

Vor 50 Jahren waren wir »die Zugereisten«. So nannten die Leute hier diejenigen, die nicht aus Bayern stammten. Ich habe dieses Wort als Schmähung empfunden. Es hat mich verletzt. Dabei war es wahrscheinlich gar nicht wertend gemeint – jedenfalls von den meisten Einheimischen nicht –, sondern es beschreibt einfach eine Tatsache, nämlich die, dass jemand nicht hier geboren wurde, sondern zugezogen ist. Trotzdem bin ich froh, dass man meinen Sohn Yaris und meine Tochter Anouk nicht mehr so nennen wird.

KINDER UND BILDUNG

Die Zukunft ruft

▶ **UNSER LEBEN** ist ein sehr komplexer Entwicklungsprozess. Wir lernen und verändern uns von der Wiege bis zur Bahre. Bereits im Kindesalter wird unser Bewusstsein geformt und damit der Grundstein für das ganze weitere Leben gelegt. Deshalb ist es von großer Bedeutung, Kindern ein Umfeld zu geben, in dem sie sich sicher, geborgen und unterstützt fühlen.

Ein Kind kann sich nicht unbeeinflusst und frei entwickeln, es ist relativ lange auf erwachsene Bezugspersonen angewiesen. Es lernt am meisten von den Menschen, die es in der ersten Zeit begleiten, und durch die Umstände, in die es hineingeboren wurde.

Aus meiner Sicht ist jede Familie, die einem Kind ein liebevolles Zuhause gibt, gleichermaßen zu achten und wertzuschätzen. Dabei ist es egal, ob die Eltern verheiratet sind oder nicht, arm oder wohlhabend, jung, alt, homo- oder heterosexuell. Als Franz Beckenbauers damalige Freundin und inzwischen langjährige Ehefrau Heidi ein Kind erwartete, sagte er: »Der liebe Gott freut sich über jedes Kind.« Ich mag diesen schönen, wahren Satz.

Kürzlich wurde ich gefragt: »Was halten Sie davon, wenn homosexuelle Paare Kinder adoptieren?« Meine Meinung dazu ist: Warum denn nicht? Wenn ein homosexuelles Paar mit allen Konsequenzen einem Kind eine gute Perspektive bietet, worum geht es dann? Sich auf ein hohes Ross zu setzen und darüber zu urteilen, ob Homosexualität okay ist oder nicht? Oder geht es darum, ob ein Kind beschützt aufwachsen, sich entwickeln und in eine gute Zukunft gehen kann? Das Wohl des Kindes hat Priorität. Zwei Männer und zwei Frauen können zwar kein Kind zeugen, aber dennoch eines großziehen. Oder hat der liebe Gott an irgendeine Hauswand geschrieben, wie das zu gehen hat? Ich habe das noch nicht gelesen.

Viel zu vielen Kindern ist ein sicheres, liebevolles und behütetes Umfeld allerdings nicht vergönnt. Die Gründe dafür sind sehr unterschiedlich: Sie stammen aus Familien, in denen die Eltern suchtkrank sind, gewalttätig oder sozial verwahrlost. Sie sind aus Krisen und Kriegsgebieten zu uns gekommen und tragen die Bürde eines schweren Traumas. Manche sind körperlich oder geistig behindert. Oder sie sind chronisch krank und haben ihre ersten Lebensjahre überwiegend in Arztpraxen oder Kliniken verbracht. Andere haben ihre Eltern verloren – in einem Krieg, bei einem Unfall oder durch Krankheit.

Die Kinder, die zu uns nach Dietlhofen kommen, haben schreckliche Dinge erlebt. Sie haben deshalb kaum Chancen auf eine normale Entwicklung. Sie brauchen mehr als alle anderen Kinder eine Lobby. Und sie brauchen Schutz. Die Tabalugahäuser sind Schutzräume für Kinder, mit denen es das Schicksal nicht gut gemeint hat.

Das Tabalugahaus auf Gut Dietlhofen liegt im nicht öffentlichen Bereich hinter der Begegnungsscheune. Ein Tor und eine entsprechende Beschilderung machen deutlich, wo der öffentliche Bereich endet. Das zweigeschossige Kinderhaus bietet Küche, Wohn- und Schlafräume für 14 Feriengäste. Die Zimmer sind hell und großzügig geschnitten und mit Möbeln eingerichtet, die »echt cool« sind. Das sagen jedenfalls viele Kinder, die zu uns kommen. Einige sind beeindruckt, dass sie ein eigenes Bett haben, weil sie es gewohnt sind, ihr Bett mit einem Geschwisterkind zu teilen. Andere Kinder staunen, wie sauber die Zimmer sind. Für manche unserer kleinen Gäste ist ein so gepflegtes, freundliches Umfeld eine ganz neue Erfahrung.

Im Außenbereich wird das Gebäude von zwei großen Terrassen gesäumt. Nur wenige Schritte vom Kinderferienhaus entfernt liegen der Spiel- und der Multifunktionsplatz. Fußball, Volleyball oder Basketball sind nur einige der zahlreichen Möglichkeiten, die das Spielfeld bietet. Von hier ist es nicht weit zum Dietlhofer See. Mein Traum ist es, einen behindertengerechten Zugang zu schaffen und eine Rampe mit einer Art Hebebühne, sodass sich auch behinderte Kinder im See tummeln können. Mir tut es immer wahnsinnig leid, wenn die körperlich gesunden Kinder mit viel Geschrei und Vorfreude zum Schwimmen aufbrechen und die behinderten Kinder zurückbleiben. Im Augenblick fehlen uns für diese Baumaßnahme aber noch die finanziellen Mittel.

Was ist der Grund dafür, dass sich unsere Stiftung um traumatisierte, kranke und vernachlässigte Kinder kümmert? Kinder sind die Zukunft der Welt und unsere Hoffnung. Sie können die Welt zum Besseren verändern. Zugleich sind Kinder in besonderem Maße schutzbedürftig. Sie sind nie Täter, aber leider sehr oft Opfer, sowohl in Kriegen als auch bei häuslicher Gewalt oder bei Missbrauch. Daher brauchen Kinder unsere Aufmerksamkeit und unsere Zuwendung. Wir, die Erwachsenen, sollten ihnen den Weg in eine gute Zukunft ebnen.

Dabei ist es wichtig, ihnen von klein auf die richtigen Werte zu vermitteln und ihnen positive Erlebnisse und Erfahrungen zu ermöglichen. Denn: »Was Hänschen nicht lernt, lernt Hans nimmermehr«, heißt es. Das hat damit zu tun, wie unser Gehirn funktioniert.

Es besteht nämlich aus Milliarden von Nervenzellen. Sie enthalten unser gesamtes Wissen über die Welt, unsere Erfahrungen, alles, was wir jemals gedacht, gefühlt, gesehen, gehört und erlebt haben. Es arbeitet also wie ein riesiger Datenspeicher mit Memory-Funktion. Durch die Erfahrungen, die ein Mensch im Laufe seines Lebens macht, und die Erkenntnisse, die er daraus gewinnt, verknüpfen sich immer mehr Daten miteinander zu einem individuellen Erinnerungsnetz, dessen Fäden dicker werden, je öfter sich bestimmte Erfahrungen und Zusammenhänge wiederholen – im Guten wie im Schlechten.

Kinder, die sich geliebt fühlen und das Tag für Tag bestätigt bekommen, entwickeln ein gesundes Vertrauen ins Leben und ein stabiles Selbstbewusstsein. Sie haben damit ein gutes Rüstzeug für ihre Zukunft. Kinder, die

sich hingegen oft bedroht fühlen, alleingelassen oder un-
geliebt, werden unsicher, ängstlich, misstrauisch oder
aggressiv und starten aus einer schwierigen Position in
ihr weiteres Leben.

Wenn man sich vor Augen hält, dass ungünstige Ver-
haltensmuster oder emotionale Fehleinstellungen sich
immer weiter verfestigen, je öfter sich negative Erfahrungen wiederholen, dann wird klar, warum es wichtig
ist, möglichst früh diesen Teufelskreis zu durchbrechen
und sich um die Kinder zu kümmern, die ein negativ ge-
prägtes Umfeld haben.

Es reicht allerdings nicht aus, diese Kinder zu trösten,
zu besänftigen und ihnen gut zuzureden. Was sie darüber
hinaus brauchen, sind positive Erfahrungen, schöne Erlebnisse und ein wertschätzendes Feedback, sodass sich
neue Erfahrungs-, Bewertungs- und Erinnerungsmuster
bilden und verfestigen können. Kinder können für ihr
weiteres Leben neue Impulse gewinnen, indem sie positive Erfahrungen machen, an denen sie wachsen und sich
neu ausrichten können. Auf dieser Erkenntnis basiert die
Arbeit unserer Stiftung.

Uns ist klar, dass zweiwöchige Erlebnisferien auf Gut
Dietlhofen das Leben der traumatisierten, vernachläs-
sigten und benachteiligten Kinder faktisch zunächst
kaum verändern können. Der Aufenthalt in den Tabalugahäusern verändert aber die Wahrnehmung und damit
die Einstellung der Kinder. Sie erleben das Gefühl, willkommen und angenommen zu sein, egal, ob sie im Rollstuhl sitzen, aus prekären Verhältnissen stammen, einen
Migrationshintergrund haben oder unter Angststörun-

gen leiden. Alle Mitarbeiter der Stiftung begegnen ihnen auf Augenhöhe und nehmen sie ernst. Wir ermöglichen den Kindern in der Natur, auf unserem Bio-Bauernhof im Umgang mit Tieren, beim Spielen im Wald oder beim Baden im See, in Musikworkshops oder Malkursen unbeschwerte, angstfreie Erlebnisse, neue Erfahrungen und positive Eindrücke. Unsere Erlebnisferien sollen zeigen, dass es auch eine andere, eine bessere Welt gibt, die ihnen offensteht, und damit eine Veränderung anstoßen.

In Deutschland sind bis zu 19 Prozent der Minderjährigen von Armut bedroht, einige tausend Kinder und Jugendliche leben auf der Straße, Zehntausende werden Opfer von körperlicher, psychischer oder sexueller Gewalt, Hunderttausende von Vernachlässigung. Für diese Kinder müssen wir kämpfen und streiten. Diese Kinder brauchen unseren Schutz und unsere Stimme. Auch diese Kinder haben ein Recht auf Unversehrtheit, ein Leben in emotionaler Stabilität und in materieller Sicherheit sowie auf Bildung, denn Bildung ist neben körperlicher und seelischer Gesundheit die dritte Grundlage für ein selbstbestimmtes Leben.

Wenn es nach mir ginge, wäre neben Sport auch Ernährungskunde ein verpflichtendes Unterrichtsfach schon in den ersten Klassen. Denn Bewegung und gesundes Essen sind wichtige Bausteine, wenn das Leben gelingen soll. Auch das kann man spielerisch vermitteln.

Hier auf Gut Dietlhofen basteln wir mit den Kindern in unseren Kochworkshops aus Gemüse und Obst lustige Figuren, aus Salatgurken zum Beispiel Krokodile, aus einer halbierten Banane und einer halben Kiwi eine Schnecke mit Schneckenhaus. Und aus Kartoffelpüree und Möhrenstiften formen die Kinder einen Drachen. Das macht ihnen großen Spaß.

Manchmal haben wir eine Gruppe aus einem benachbarten Kindergarten zu Gast, die an »Gemüsebeete für Kids«, dem Projekt der Edeka-Stiftung, teilnimmt. Es kommen dann lauter kleine Gärtnerinnen und Gärtner mit blau-gelben Schürzchen und Mini-Gießkannen, um eines unserer Beete zu bewässern. Sie beobachten den Wachstumsfortschritt seit ihrem vorherigen Besuch, und die Erzieherin erklärt ihnen, was sich in der Erde tut, was der Regen bewirkt und was die Sonne mit den Pflanzen macht. Das ist nicht nur zauberhaft anzusehen, sondern ein sehr sinnvoller, nachhaltiger Einstieg in das Wissen um Ernährung und den Umgang mit Nahrungsmitteln. Was als erlebte Bildung zunächst in Kindergärten und Kindertagesstätten vor allem in sozial benachteiligten Stadtteilen begonnen hat, ist heute in allen Regionen Deutschlands fest verwurzelt. Auch bei uns auf Gut Dietlhofen.

Denn was wir brauchen, sind junge Menschen, die sich mit der Natur verbunden fühlen und an Lösungen tüfteln, die unserem Planeten helfen können. Ich glaube, das Einzige, was uns vielleicht noch retten kann, ist die Geschwindigkeit der technologischen Entwicklung.

Wenn diese Entwicklung noch schneller ist als die Erosion, dann genügen vielleicht ein paar wenige engagierte und kluge Köpfe, um die Zerstörung aufzuhalten. Das ist möglicherweise die große Chance der oft gepriesenen und zugleich gefürchteten Digitalisierung. Wenn wir zum Beispiel den CO_2-Ausstoß verringern, weil es dafür bezahlbare Technologien gibt, dann haben wir wieder eine Perspektive.

Sobald diejenigen, die eine Teillösung finden, sich untereinander verständigen und ihre Ergebnisse synchronisieren, gibt es so etwas wie Hoffnung. Ich bin davon überzeugt, dass viele junge Leute ganz pragmatisch denken und sich sagen: »Ich mache das, was ich gut kann, entwickle meine Fähigkeiten weiter und verbinde mich mit Menschen, die etwas anderes können, und dann entsteht ein noch besseres Resultat.« Das ist in meinen Augen der richtige Weg. Ich glaube, darin liegt die Chance unserer Zeit.

Es ist nötig, dass der Mensch sich zunehmend auf die Aufgaben konzentriert, die typisch menschliche Fähigkeiten erfordern, also zu planen, Argumente gegeneinander abzuwägen, kritisch zu hinterfragen, Entscheidungen zu treffen, zu fühlen, zu moderieren, zu vernetzen und sich anderen Menschen zuzuwenden. Warum soll im Pflegeheim nicht ein Roboter das Geschirr am Patientenbett abholen und in die Küche tragen, wenn dadurch die Pflegekraft mehr Zeit für ein Gespräch mit einer alten Dame oder einem alten Herrn gewinnt? Das wäre gut. Wenn der Zeitgewinn allerdings genutzt wird, um noch mehr Bürokratie aufzubauen, dann wäre das schlecht.

Die Idee, den Menschen durch Technologie zu entlasten, ist ja nicht neu, sondern uralt. Die gesamte Industrialisierung fußt auf diesem Konzept, die Erfindung des Fließbands, des Gabelstaplers und so weiter. Wenn die Bauteile vorbeifahren und der Mensch dreht nur eine Schraube fest, dann ist das zwar eine stupide Arbeit, aber sie ist produktiver, weil der Arbeiter mehr schafft und die dadurch entstehenden Freiräume anders genutzt werden können. Zum Beispiel für Freizeit und Hobby. Die 40- oder 37-Stunden-Woche wäre ohne technischen Fortschritt gar nicht denkbar. Und mit der Digitalisierung und der Roboterisierung erreichen wir eine nächste Stufe.

In der Folge geht es nun darum, Konzepte zu entwickeln, welche Aufgaben Arbeitnehmer dann erledigen und wie man ihr Know-how, ihre Energie und ihre Kraft in andere Prozesse umleitet. Vielleicht gelingt es uns ja, diese personellen Kapazitäten in Projekte einzubinden, die dem gesellschaftlichen Zusammenhalt dienen, dem Umwelt- und Naturschutz oder der Unterstützung von Kindern. Man muss das Ganze als Richtungswechsel sehen und die richtigen Schlüsse aus den neuen Möglichkeiten ziehen, statt sich ihnen entgegenzustemmen. Das hat noch nie etwas gebracht. Sie kennen sicher die Geschichte von den Pferdekutschern in London. Als die Autos aufkamen und damit die ersten Taxen, sollen sie gesagt haben: »Das sitzen wir locker aus. Das klappt sowieso nicht.« Heute wissen wir: Statt sich gegen den Fortschritt zu stellen, hätten sie besser einen Führerschein machen sollen.

Vielleicht gibt es irgendwann eine Art Steuer für Roboter. Wenn sie an die Stelle des Menschen treten und eine werthaltige, messbare Leistung erbringen, die ein Unternehmen verkauft, warum soll darauf nicht eine Abgabe anfallen? Der arbeitende Mensch muss ja auch Steuern entrichten. Vielleicht zahlen die Roboter dann sogar in unsere Rentenkasse ein. Ich könnte mir ein Gesetz vorstellen, das den Einsatz von Robotern zur Produktivitätssteigerung belohnt und zugleich die Unternehmen zu einem Obolus verpflichtet, der der Gesellschaft, in welcher Weise auch immer, zugutekommt. Möglicherweise finanziert ein Roboter ja einen Teil eines menschlichen Arbeitsplatzes im Bereich von Umwelt, Bildung oder sozialen Anliegen. Wer weiß? Ich finde, das darf man offen und kreativ diskutieren und dabei in alle Richtungen denken.

Die neue Zeit erfordert nicht zuletzt auch neue Bildungsinhalte in den Schulen. Die Kinder werden zukünftig ganz andere Dinge lernen – und begreifen – als wir. Sie tun das ja jetzt schon. Mein Sohn Yaris erklärt mir technische Zusammenhänge, die ich nicht verstehe, und sagt: »Das ist doch ganz einfach!« Für ihn ja, für mich nicht.

Ich frage ihn dann: »Wo hast du das denn gelernt?«, und er antwortet: »Keine Ahnung, das habe ich so zusammengetragen.« Es findet also eine andere Form der Wissensaneignung statt. Das ist Learning by Doing, also erlebte Bildung, wie bei den Gemüse-Kids.

Früher waren die Schulen dafür zuständig, dass die Schüler möglichst viel Wissen anhäuften. Heute müssen wir die Kinder vor allem dazu befähigen, dass sie aus dem riesigen verfügbaren Wissen das Richtige und Wichtige herausfiltern und ihre Zeit nicht mit der Aufnahme von unnötigen oder überflüssigen Informationen verschwenden. Wir müssen sie dazu anhalten, dass sie Teamworker werden und ein gutes, offenes und respektvolles Miteinander pflegen und bereit sind, ihr Wissen zu teilen. Das Leben ist so komplex geworden, dass einer allein wenig ausrichten kann, egal, ob er in einem Architekturbüro, einer Rechtsanwaltskanzlei oder in einem Energieunternehmen tätig ist. Früher sagte man: »Man muss nicht alles wissen, man muss nur wissen, wo es steht.« Heute muss meiner Auffassung nach noch hinzugefügt werden: »Man kann nicht alles können, man muss nur wissen, wen man ansprechen kann ...«

Kooperationsfähigkeit und intelligentes Netzwerken sind gefragt. Eine neue, wichtige Disziplin heißt deshalb »Beziehungsmanagement«. Das ist weit mehr als »Vitamin B«. Es geht nicht darum, sich persönliche Vorteile und Vergünstigungen zu verschaffen, weil man jemanden kennt. Wer nur versucht, eigene Pfründe zu sichern oder alte Besitzstände zu wahren, wird damit zukünftig häufiger auf die Nase fallen, weil das dem Grundsatz des Miteinanders zuwiderläuft.

Die Globalisierung schreitet voran, und selbst mittelständische Firmen sind oft international tätig, weshalb sie von ihren Mitarbeitern erwarten, dass diese weltweit kommunizieren können. Das Erlernen von mindestens einer Fremdsprache – das ist seit langem bekannt – ist für jedes Kind und jeden Jugendlichen unerlässlich. Wer zwei- oder mehrsprachig aufwächst, hat einen enormen Vorteil. Warum?

Das Beherrschen einer Sprache ermöglicht nicht nur

die Kommunikation mit Menschen in anderen Ländern, sondern sie eröffnet einen Zugang zum jeweiligen Kulturkreis. Wer heute Chinesisch lernt, kann sich in diesem wichtigen Wirtschaftsraum sicher bewegen. Ein unschätzbarer Wert! Warum sprechen so viele Chinesen Englisch? Weil sie wissen, dass sie damit eine andere Hemisphäre begreifen und in dieser anderen Welt erfolgreich sein können.

Meine eigene Mehrsprachigkeit verdanke ich nicht meinem schulischen Ehrgeiz, sondern meiner Vita. Zuhause sprachen wir Deutsch und Ungarisch. Rumänisch habe ich als Kind auf der Straße gelernt. Heute sind diese Sprachen in mir abgelagert wie in einer Bibliothek. Deutsch ist natürlich immer präsent, aber um die beiden anderen Sprachen meiner Kindheit zu aktivieren, muss ich quasi die Bücher aus dem Regal ziehen und mich einlesen. Konkret bedeutet das beispielsweise, dass ich immer ein bis zwei Tage brauche, um mich in Rumänien wieder an die Sprache zu gewöhnen. Wenn ich am ersten Tag eines Aufenthaltes spontan eine Ansprache halten soll, mache ich das in Deutsch und lasse einen Dolmetscher übersetzen. Wenn ich am letzten Tag einer Reise gebeten werde, in der Öffentlichkeit zu sprechen, erledige ich das auf Rumänisch.

Spanisch beherrsche ich immerhin so gut, dass ich mich mit den Leuten auf der Straße unterhalten kann. Und wenn ich mich anstrenge, wird der Dialog auch etwas differenzierter als ein flüchtiges Gespräch beim Bäcker an der Theke. Allerdings mache ich wahrscheinlich eine ganze Menge grammatikalischer Fehler. Ganz anders als Yaris. Er spricht Spanisch so perfekt wie Deutsch und ebenso gut Mallorquin. Im Grunde agiert er in vier Sprachen. Wenn er Musik macht, ist seine Sprache Englisch.

Ich habe Englisch in der Schule in Deutschland und dann während meiner Zeit in Kanada gelernt. Die Berührung mit dieser Sprache ist im Alltag viel häufiger als mit Rumänisch oder Spanisch. Ich will nicht sagen, dass ich täglich damit zu tun habe, aber fast jeden Tag.

Unter Künstlern ist Englisch sowieso sehr verbreitet. Wie sonst will man sich etwa während des Soundchecks verständigen, wenn Musiker aus verschiedenen Nationen auf der Bühne stehen? Außerdem kommen viele musikalische Einflüsse aus den USA, Großbritannien und anderen englischsprachigen Ländern. Der Rock 'n' Roll stammt nun mal nicht aus Luxemburg oder aus Italien.

Ohne Englisch geht heute gar nichts mehr, egal, ob auf Reisen, in der Kunst oder im Geschäftsleben. Deshalb finde ich es gut, wenn schon Kleinkinder spielerisch damit beginnen. In der Kindergarten- und Grundschulphase lernen sie am leichtesten.

Ich meine, dass man Kindern eine Stütze sein muss, bis sie selbstständig durchs Leben gehen können, die einen früher, die anderen später. Man kann Entwicklungen, Talente oder bestimmte Anlagen fördern. Aber letztlich ist es wie ein Bauchladen: »Ich biete dir dies, ich biete dir das, und du kannst dich bedienen.« Dieses Angebot und die Freiheit, dem Kind zu erlauben, daraus auszuwählen, formt seine Persönlichkeit.

Yaris befindet sich in einem Alter, in dem er alles Mögliche ausprobiert. Da spielt auch die Musik eine Rolle, weil er sieht, wie attraktiv das ist, denn Musik gibt dem Leben eine besondere Qualität. Die entdeckt er gerade für sich. Gleichzeitig ist er extrem sportlich, macht Judo und spielt Fußball. Er jongliert mit seinen Kräften und lotet seine Möglichkeiten aus – und ich gehöre nicht zu den Vätern, die erst dann glücklich sind, wenn die Söhne das Gleiche machen wie sie selbst. Was ich tun kann, das ist zu versuchen, ihm gute Angebote zu unterbreiten und ihm dabei zu helfen, vieles kennenzulernen. Was er daraus macht, ist weitgehend seine Entscheidung.

Yaris hat durch unsere Stiftungsarbeit von klein auf mitbekommen, dass es Kinder gibt, die es im Leben nicht gut getroffen haben. Kinder, die für die schwierigen Umstände, in die sie hineingeboren wurden, nichts können, aber damit zurechtkommen müssen. Auch der Kreislauf der Natur ist ihm vertraut, denn er wächst mitten auf dem Land mit vielen Tieren auf. Diese Erfahrung wird er immer in sich tragen. Was er erlebt, setzt Impulse, die er für sich verarbeitet und aus denen er seine eigenen Schlüsse zieht. Ich glaube, dass Kinder, denen man Werte vermittelt, letztlich auch eine reflektierte Haltung einnehmen und diese Werte in ihrer eigenen Version nach außen spiegeln.

Alle Kinder gleichermaßen zu schützen und zu fördern ist meines Erachtens die wichtigste Aufgabe einer Gesellschaft. Deshalb sollten Kinder unter dem unmittelbaren Schutz des Grundgesetzes stehen. Die Diskussion darüber dauert schon ziemlich lange an und ist noch immer nicht abgeschlossen. Ich hätte es sehr begrüßt, wenn wir das Jubiläum »70 Jahre Grundgesetz« mit der

Aufnahme der Kinderrechte in den Text des Grundgesetzes hätten krönen können. Denn wenn wir unsere Kinder schützen, schützen wir alles, auch uns selbst und unsere Zukunft.

DURCH WALD UND FLUR

Leben in und mit der Natur

▶ **GUT DIETLHOFEN** grenzt nach Osten an ein Waldgebiet. Davon gehören nur fünf Hektar zu uns, der Rest ist Staatsforst. Das ist aber völlig egal und für den Wanderer so wenig relevant wie für Hirsche, Rehe und Hasen, weil man Wald nicht einzäunen darf. Der Wald ist für jedermann frei zugänglich.

Meine Heimat Siebenbürgen ist eine gebirgige und sehr waldreiche Gegend. Kronstadt liegt 600 Meter hoch. Als Kinder liebten wir die sommerlichen Ausflüge in die Wälder, das Pilzesammeln im Herbst und das Skilaufen in den bewaldeten Karpaten im Winter. Mein Vater war Skispringer, und somit ist es nicht verwunderlich, dass ich bereits im Alter von fünf Jahren auf den Brettern stand, die mein Vater eigenhändig für mich gebaut hatte.

Oberhalb von Kronstadt liegt das bekannte Skigebiet Poiana Brașov, das zweitgrößte in Rumänien. Der höchste Berg ist 1800 Meter hoch. Dorthin nahm er mich oft mit. Das Tolle ist, die Pisten ziehen sich da kilometerweit durch die schönsten Mischwälder. Im Sommer ging mein Vater zur Jagd, und ich durfte mit. Wir waren stundenlang allein unterwegs, sprachen über Gott und die Welt, vor allem aber über die Schätze der Natur.

Die Landschaft dort ist auch heute noch viel ursprünglicher als in Deutschland. In den Wäldern leben

Bären, Wölfe, Luchse, Gämsen und Rotwild. Wenn mir eines stets in Erinnerung geblieben ist, dann der Geruch der Eichenwälder in meiner Heimat. Das wurde mir erst klar, als ich 2008 zusammen mit meinem Vater erstmals seit unserer Ausreise wieder nach Rumänien kam.

Leider werden weltweit, und so auch in Siebenbürgen, die Baumbestände geringer, zum einen, weil der Staat seinen Schutzverpflichtungen nicht konsequent genug nachkommt, und zum anderen, weil es nach der kommunistischen Zeit Rückübertragungen großer Waldflächen an Privatpersonen gegeben hat und einige dieser Leute nicht Besseres zu tun haben, als die Flächen umgehend an große internationale Holzkonzerne zu verkaufen. Diese Firmen fällen die Bäume ohne Rücksicht auf Schutzgebiete, und die Behörden schauen weg.

Es sitzen Menschen an den Schalthebeln, die die Einstellung haben: Nach mir die Sintflut. Oder sie füllen sich bei diesem lukrativen Geschäft selbst die Taschen. So ganz genau weiß man das nicht. Das Holz kommt ins Sägewerk, und so entstehen aus uralten Bäumen Holzplatten für Billigmöbel, deren Lebensdauer wahrscheinlich nicht einmal ein Zehntel dessen beträgt, was der alte Baum auf dem Buckel hatte, der dafür gefällt wurde. Oder die Bäume werden zur Herstellung von Holzpellets für Heizungen herangezogen, die als umweltschonende Alternative zu Gas und Öl angepriesen werden. Dümmer geht's nicht.

In keinem anderen EU-Land gibt es noch so viel Urwald wie in Rumänien, hauptsächlich in den Karpaten. Aber auch hier wird bar aller Vernunft und wider besseres Wissen gerodet. Riesige Flächen wertvollsten Waldes gingen in den letzten Jahrzehnten verloren. Leider sind die Motorsägen schneller als die Behörden mit der Registrierung schützenswerter Flächen, auf denen der Holzeinschlag verboten ist. So werden ganze Bergrücken und Gebirgstäler entwaldet, ohne dass jemand etwas dagegen unternimmt.

Als ich früher regelmäßig nach Kanada flog, war Britisch-Kolumbien eine weitgehend von Wald geprägte Region. Man konnte die nicht enden wollenden Wälder aus der Luft bestaunen und bewundern. Schon 20 Jahre später sah man aus dem Flugzeug die großen Flächen, auf denen Kahlschlag betrieben worden war. Die Kanadier nennen das »harvesting«, also »ernten«, und die riesigen Maschinen, die da zum Einsatz kommen, heißen Harvester. Sie arbeiten computergestützt und greifen mit ihren langen, schweren Armen einen dicken Baum, schneiden ihn knapp über dem Boden ab, streifen die Äste herunter, zerteilen den Stamm in mehrere Stücke und stapeln sie mühelos aufeinander wie Streichhölzer. Das geht ruck, zuck.

200 Bäume kann ein einzelner Waldarbeiter pro Tag so fällen. Wenn man das zum ersten Mal sieht, denkt man: Da läuft ein Science-Fiction-Streifen. Aber nein, es ist die Realität. Die Holzindustrie und ihre Lobby haben der Bevölkerung den Bären aufgebunden, dass der Wald schneller nachwächst, als er gerodet wird. Bullshit! Heute weiß man, dass sich in den zurückgebliebenen Wurzeln und Ästen der Borkenkäfer in Windeseile ausbreitet. Da, wo er sein Unwesen treibt, wächst kein neuer Wald mehr he-

ran. Und das Schlimmste ist, dass er auch die angrenzenden Waldstücke heimsucht und den Bestand nach und nach vernichtet. Ein Borkenkäfer befällt einen Baum, seine Nachkommen befallen 20 Bäume und deren Nachkommen 400.

Wenn man heute durch die kanadischen Wälder fährt, sind weite Teile verrottet und kaputt. Es ist gespenstisch, und die Folgen für das Klima sind katastrophal. Bäume sind ja die besten Filter für das gefährliche Treibhausgas CO_2, denn sie haben die phänomenale Eigenschaft, CO_2 in C, also Kohlenstoff, und O_2, also Sauerstoff, zu spalten. Den Kohlenstoff speichern sie, den Sauerstoff setzen sie frei und sorgen damit dafür, dass wir Menschen genügend Luft zum Atmen haben. Wenn uns die Puste ausgeht oder die Luft zu dick wird, brauchen wir mehr Bäume. Es gibt keine bessere, günstigere und effizientere Klimaanlage als den Wald. Warum roden wir ihn also im großen Stil ab, um preiswerte Möbel oder massenhaft Prospekte zu produzieren? Wenn uns eines Tages die Luft ausgeht, nützt es gar nichts, dass im Supermarkt gerade der Kaffee im Angebot ist oder wir uns das dritte Bett binnen zehn Jahren leisten können.

Das irrsinnige Roden der Wälder war damals neben den persönlichen und beruflichen Motiven ein weiterer Grund, weshalb ich Kanada wieder verlassen habe: Ich fand es fürchterlich, wie die Kanadier mit ihrem wertvollsten Rohstoff umgegangen sind. Das war keine Forstwirtschaft, sondern eine rücksichtslose Forstindustrie, die zum Zweck der Gewinnoptimierung gnadenlos agierte. Selbst entlang der Tourismusrouten kann man die vernarbte Landschaft entdecken. Die Versuche, das Image vom Wald- und Naturparadies Kanada aufrechtzuerhalten, indem man schmale Waldstreifen stehen ließ und versuchte, die Touristen zu täuschen, sind im Informationszeitalter und dank Internet zum Scheitern verurteilt. Eine Kameradrohne macht es heute möglich, dass jeder Umweltschützer den Raubbau dokumentieren und die Verursacher demaskieren kann. Das finde ich sehr gut, denn der Wahnsinn hält bis heute an.

Auf Mallorca hingegen sind die Leute schlauer geworden. Dort gibt es heute mehr Wald als vor 100 Jahren, weil nicht mehr mit Holz geheizt wird. Dort hat sich ein gewisser Bestand neu entwickelt, aber ab einer gewissen Höhe, wo der Regen die Erde ins Tal gespült hat, wächst natürlich nichts mehr. Da sieht der Berg dann aus wie ein Kopf mit Halbglatze. In den Alpen ist das nicht anders. Manche Dinge sind nicht mehr umkehrbar. Was weg ist, ist weg und bleibt weg. Wenn wir Menschen daraus wenigstens lernen würden, Experimente mit offenem Ausgang zu unterlassen, dann hätte das Baumsterben einen Sinn gehabt. Das ist leider aber nicht so, wie beispielsweise der Umgang mit Atommüll zeigt. Kein Mensch weiß, wie sich die Erdschichten in sogenannten Zwischen- und Endlagern langfristig verhalten. Man probiert es einfach aus.

Auf Gut Dietlhofen wurde, seit ich hier bin, abgesehen von Weihnachtsbäumen kein Baum geschlagen, und wenn es nach mir geht, bleibt das auch so. Wir haben wunderschöne alte Eichen hier, Buchen und Ahorne. Glücklicherweise hat sich in Deutschland die Einsicht durchgesetzt, dass der Wald wichtig für unser Leben ist und unseres Schutzes bedarf. Das wurde zuletzt im Herbst 2018 sehr deutlich, als es um die Rodung des Hambacher Forstes ging, der dem Braunkohleabbau geopfert werden sollte.

Nicht alles, was rechtens ist, ist allerdings auch richtig! Die Rodung des Hambacher Forstes ist ein Beispiel dafür. Der Stromerzeuger RWE ist rechtlich auf der sicheren Seite, denn es gibt entsprechende Beschlüsse der ehemals rot-grünen Landesregierung in Nordrhein-Westfalen. Richtig ist die Abholzung der bis zu 350 Jahre alten Bäume aber nicht, weil die Braunkohleverstromung besonders klimaschädlich ist, während das letzte noch verbliebene Waldstück im Braunkohlerevier besonders schützenswert ist.

Es mag sein, dass der verbliebene Teil des Hambacher Forstes langfristig nicht mehr zu retten ist, weil rundherum bereits kilometerweit gerodet, gebaggert und gegraben wurde und das Restwäldchen nun auf einer viel zu steilen Böschung steht, Wind und Sturm schutzlos ausgeliefert. Aber dieser Wald hat Symbolcharakter. Man lässt ja in Berlin auch Teilstücke der Mauer stehen, was streng genommen sinnlos ist, wären sie nicht ein Symbol, also ein Sinnbild. Symbole veranschaulichen auf kleinstem Raum etwas Bedeutendes, regen zum Nachdenken an und ermahnen uns. Dieser Wald ist wie ein Ausrufezeichen, so wie zum Beispiel die Gedächtniskirche in Berlin, die nach der Bombardierung im Zweiten

Weltkrieg nicht wieder aufgebaut wurde. Die Ruine der Kirche wurde zum Antikriegs-Symbol und zu einem einzigartigen Wahrzeichen der Stadt. Der Hambacher Forst wiederum ist ein Symbol gegen die Abholzung von unfassbaren 15 Milliarden Bäumen pro Jahr weltweit. Angesichts fortschreitenden Klimawandels und des Artensterbens muss diese Entwicklung dringend aufgehalten, besser noch umgekehrt werden.

Ich finde den Widerstand und die Proteste Tausender engagierter Jugendlicher und Erwachsener gegen den Kahlschlag im Hambacher Forst richtig, die Gewalt einiger linksautonomer Demonstranten gegen Polizei und Ordnungskräfte natürlich nicht. Bäume zu retten und Menschen zu schlagen – das ist ganz sicher der allergrößte Irrweg.

Ich fände es toll, wenn diejenigen, die in Hambach protestieren, zugleich Aufforstungsprojekte unterstützten wie beispielsweise »Plant-for-the-Planet«, eine Initiative, die im Jahr 2007 von dem damals 9-jährigen Schüler Felix Finkbeiner aus Oberbayern gegründet wurde. Felix wuchs in Pähl auf, also sozusagen in unserer Nachbarschaft, und ging in Starnberg zur Schule. Als in seiner vierten Klasse an der Grundschule eine Projektwoche zum Thema »Klimawandel« stattfand, entschied er sich, ein Referat zu halten über »Das Ende des Eisbären«. Er erzählte vom drohenden Klimakollaps, von globaler Erwärmung und schmelzenden Eisgletschern. Aber auch von der kenianischen Friedensnobelpreisträgerin Wangari Maathai, die es sich zum Ziel gesetzt hatte, in ihrer Heimat innerhalb von 30 Jahren 30 Millionen Bäume zu pflanzen.

Er schloss seinen Vortrag mit einer Aufforderung: »Lasst uns in jedem Land der Erde eine Million Bäume pflanzen!« Die Kinder seiner Klasse gingen mit gutem Beispiel voran und pflanzten ein Zierapfel-Bäumchen im Park der Schule. Seine Lehrerin ließ ihn das Referat in anderen Klassen wiederholen, die Direktorin schickte ihn sogar an andere Schulen, um zu erklären, was das Pflanzen von Bäumen mit dem Klima und der Bedrohung der Eisbären zu tun hat. Bald hatte Felix eine große Vision: Schüler auf der ganzen Welt sollten Millionen von Bäumen pflanzen, um so einen Beitrag zum Klimaschutz zu leisten. Mit Hilfe seines Vaters gründete er dann 2007 die Initiative »Plant-for-the-Planet«.

Schirmherr und erster Baumpflanzer wurde der damalige Bundesumweltminister Klaus Töpfer. Die Idee ging um die Welt und fand prominente Unterstützer wie den amerikanischen Schauspieler Harrison Ford, UN-Generalsekretär Kofi Annan und Fürst Albert von Monaco. Ich wurde damals auch gefragt, ob ich der Initiative zu Werbezwecken zur Verfügung stünde. Das habe ich sehr gern getan.

Wir trafen uns in einem Fotostudio. Der Slogan lautete: »Stop talking, start planting«, also: »Hört auf zu reden, fangt an zu pflanzen.« Die Fotoidee war so simpel wie aussagekräftig. Der kleine Felix hielt mir mit seiner Hand den Mund zu. Das Gleiche machte er mit Harrison Ford, Wangari Maathai, die er in seinem Referat erwähnt hatte und die die Ideengeberin auch für seine Initiative war, mit Fürst Albert, Versandhauschef Michael Otto und Kofi Annan.

Felix war ein außergewöhnliches Kind. Heute ist er ein junger Mann. 2018 schloss er sein Studium im Fach Internationale Beziehungen an der Universität in London ab. Seiner Idee ist er bis heute treu geblieben. Mittlerweile sind über 70 000 Kinder in 67 Ländern für »Plant-for-the-Planet« als Klimabotschafter aktiv. Der Clou ist, dass die Kinder sich in Workshops gegenseitig ausbilden. Das Geld dafür und für die Baumpflanzungen stammt von Mitgliedern und von Unternehmen, die eine Partnerschaft mit der Initiative eingegangen sind, aber auch aus vielen Kleinspenden und Baumpatenschaften, die es schon ab einem Euro gibt.

Bis heute, also dem Tag, an dem ich dieses Buchkapitel verfasse, wurden weltweit unvorstellbare 15 Milliarden Bäume durch »Plant-for-the-Planet« gepflanzt. Es ist unglaublich, was ein einzelner Mensch initiieren kann. Genauso unglaublich ist es aber, dass zugleich immer noch weltweit im großen Stil gerodet und abgeholzt wird.

Kürzlich schrieb uns eine Schülerin, dass in ihrer Klasse zur Vorbereitung auf eine Baumpflanzaktion unser Song »Der Baum des Lebens« aus dem Album *Tabaluga oder die Reise zur Vernunft* von 1982 im Unterricht einstudiert und gesungen werde. Ich freue mich über solche Mails mindestens genauso wie über eine Goldene Schallplatte. Das Lied ist inzwischen schon fast 40 Jahre alt. Wenn es heute noch im Naturkunde- oder Biologieunterricht eingesetzt wird, dann ist das eine Form von Nachhaltigkeit, die mich wirklich glücklich macht. Der Text des Liedes passt übrigens ganz besonders bei Obstbäumen, wie wir sie unlängst in Dietlhofen angepflanzt haben, um unsere Streuobstwiese zu erweitern, denn es heißt da:

> Ich geb den Vögeln ihr Zuhaus,
> Die Bienen fliegen ein und aus,
> Wer zu mir kommt,
> Macht seine Reise nicht vergebens,
> Ich brauch die Erde, Luft und Licht,
> Und bis mein letzter Zweig zerbricht,
> Bin ich für alle der Baum des Lebens.

Den Naturschutz beachten wir auf Gut Dietlhofen nicht nur im Rahmen der landwirtschaftlichen Nutzung. Wir pflegen die vielen Mischhecken und Biotope, kümmern uns um alte Bäume und schaffen geeigneten Lebensraum, Nist- und Brutplätze für Vögel, Fledermäuse und Insekten. Wir pflegen den Schilfgürtel am Dietlhofer See und legen Mischwälder an. In einem Arboretum, einem Baumpark, wird die Entwicklung verschiedener Baumarten unter den örtlichen Klima- und Bodenbedingungen erforscht. Dies alles gibt dem Ort eine besondere Atmosphäre und sorgt langfristig für die Erhaltung der Vielfalt unserer natürlichen Lebensgrundlagen.

Seit einigen Jahren gibt es ein schönes Wort: »Waldbaden«. Das klingt zunächst ein bisschen eigenartig, denn der Wald ist ja kein Schwimmbecken und der Förster kein Bademeister. Und doch kann man im Wald abtauchen – und eintauchen in die Stille, die Harmonie und die Entschleunigung. Der Wald ist niemals hastig. Aber er ist auch nicht untätig. Er arbeitet rund um die Uhr,

365 Tage im Jahr. Er produziert den für uns überlebenswichtigen Sauerstoff, er säubert die Luft, filtert das Regenwasser, bietet zahlreichen großen und kleinen Tieren ein Zuhause und einen reich gedeckten Tisch.

In Japan ist der Besuch des Waldes und das Einswerden mit der Natur schon lange eine anerkannte Therapie bei verschiedenen Krankheitsbildern wie Atemwegserkrankungen oder Bluthochdruck. Durch das Einatmen der ätherischen Öle, die die Bäume in die Luft abgeben, wird das Immunsystem gestärkt. Dass sich der Wald positiv auf die Sinne und auf die Seele auswirkt, hat bestimmt jeder schon an sich selbst erfahren. Der Wald ist ein Kraftort. Er beruhigt und erdet uns.

Wann immer ich in Dietlhofen die absolute Ruhe suche und keine Lust auf eine Unterhaltung habe, gehe ich hinauf in den Wald. Es gibt wunderbare Plätze am Bachlauf und auf Lichtungen, es gibt Hochsitze mit Weitsicht und Moosflächen, die weicher sind als die beste Matratze.

Ich hörte vor einiger Zeit im Radio, dass es eine neue Fortbildung zum zertifizierten »Wald-Gesundheitstrainer« gebe, die von der Ludwig-Maximilians-Universität München aus der Taufe gehoben worden sei. Es geht darum, Burn-outs, Schlafstörungen und Stresserkrankungen vorzubeugen, also all dem, was uns in unserer reizüberfluteten Zeit zu schaffen macht, weil wir ständig online sind und kaum mehr zur Ruhe kommen. Ich finde, das ist eine ausgezeichnete Idee, und könnte mir vorstellen, Waldaufenthalte mit einem fachlich versierten Wald-Gesundheitstrainer auch in Dietlhofen anzubieten.

Vielleicht findet sich ja in unserer Nähe jemand, der diese Qualifikation besitzt.

Der Mensch ist ein Kind der Natur. Schon ein wenig Grün verbessert unser Befinden. Der schwedische Wissenschaftler Roger Ulrich konnte nachweisen, dass schon der Anblick eines einzigen Baumes vor dem Krankenhausfenster dafür sorgt, dass Patienten schneller gesund werden. Der Architekturprofessor und Forscher im Bereich »Healing Architecture« stellte fest, dass der Aufenthalt dann kürzer und die Dosis an Schmerzmitteln wesentlich geringer war als bei Patienten, die aus dem Bett auf eine Steinmauer blickten.

Um wie viel größer dürfte die Wirkung eines Waldes sein! Wenn wir den Wald noch mehr als bisher als Quelle für Gesundheit und Heilung in der Natur erleben, wird unsere Neigung, Bäume zu fällen, höchstwahrscheinlich rapide abnehmen. Denn wer bringt schon seinen Arzt oder Therapeuten um?

Vor zwei Jahren besuchte ich einen Waldkindergarten in Timmendorf an der Ostsee. Obwohl es kalt und regnerisch war, waren die Kinder putzmunter. Mit Regenjacken und Gummistiefelchen geht es dort bei fast jedem Wetter an die frische Luft. So erleben sie die Natur im Wechsel der Jahreszeiten hautnah. Kinder, die einen Waldkindergarten besucht haben und eine tiefe Verbundenheit mit der Natur verspüren, werden sich wahrscheinlich als Erwachsene für den Erhalt unserer Wälder engagieren und für eine naturnahe Bewirtschaftung mit deutlich weniger Holzeinschlag eintreten.

Unsere Haltung zu den Fragen des Lebens hängt überwiegend von unseren persönlichen Erfahrungen ab. Alles, was wir mit eigenen Augen gesehen, mit den eigenen Sinnen wahrgenommen haben, wirkt intensiver und länger als das, was wir nur vom Hörensagen kennen oder von dem wir lesen. Deshalb ist es wichtig, dass wir nicht nur im Fernsehsessel reisen, also im TV Berichte über Land und Leute sehen, sondern dass wir uns aufraffen und Liveerlebnisse schaffen.

Gute Gründe sprechen für einen Waldausflug, vielleicht schon am kommenden Wochenende: Der nächste Wald ist bestimmt nicht weit entfernt – wenn Sie nicht gerade auf der Insel Baltrum oder der Hallig Hooge wohnen. Der Wald ist ein besonders vielseitiges Freizeitparadies mit beeindruckenden Licht- und Schattenspielen, harmonisch aufeinander abgestimmten Geräuschen, betörenden Gerüchen und vielfältigen Impressionen. Es wird eine Menge geboten. Und das Beste kommt zum Schluss: Der Eintritt in diesen Freizeitpark ist frei!

DIE HÜTTE

Der Fluchtpunkt
des Lebens

▶ **ES GIBT INMITTEN** der Natur eine kleine Hütte aus Holz, die in keinem Übersichtsplan verzeichnet ist. Das wird auch so bleiben, denn diese Hütte ist mein Refugium. Wenn ich nachdenken, an einem Konzept arbeiten oder an einem Text feilen möchte, gehe ich zu Fuß dorthin und achte peinlichst darauf, dass mir niemand folgt. Denn so gern ich mit Menschen ins Gespräch komme und auch den Fans unserer Musik Rede und Antwort stehe, wenn sie mich auf dem Gut antreffen, so sehr brauche ich, wie jeder Mensch, Zeiten für mich allein.

Sobald ich die Hütte erreicht habe, komme ich total runter, selbst dann, wenn ich innerlich angespannt, genervt oder ausgepowert bin. Die Umgebung hat auf mich sofort eine beruhigende Wirkung. Warum ist das so? Weil wir ein Teil der Schöpfung sind und die Taktung, die wir uns im Laufe der Jahrtausende angeeignet haben, nicht natürlich, sondern künstlich erzeugt ist. Unsere Seele erinnert sich aber an das von der Natur Gegebene, und in unserem tiefsten Inneren wissen wir sofort: So ist es richtig. So ist es gut!

Das, was ich spüre, wenn ich draußen in der Natur bin, kann man am besten mit dem Wort »Seelenruhe« beschreiben. Ich fühle mich innerlich gelassen, ausgeglichen, entspannt. Die Seelenruhe schärft die Sinne: Man riecht, hört, sieht und schmeckt mehr als im Zuge der

Schnelllebigkeit des Alltags. Wenn der Verstand und die Seele zur Ruhe kommen, bin ich – sind alle Menschen – nicht nur zufriedener, sondern auch wacher, aufnahmefähiger und kreativer.

Deswegen verkriechen sich übrigens Musiker wochenlang in ein schallgedämmtes Studio ohne Tageslicht, weil dadurch äußere Reize und Impulse eliminiert werden. Geist und Seele sollen nicht abgelenkt werden, sondern auf die Musik fokussiert sein.

In der Hütte ist es genauso, aber – und das ist natürlich viel schöner – hier finden die Entspannung und die Fokussierung auf das Hier und Jetzt bei Tageslicht statt, begleitet vom Singen der Vögel und dem Rauschen der Bäume. Wer oft in der Natur ist, erlebt den Wechsel der Jahreszeiten intensiver: Gräser sprießen aus dem Boden, wachsen, blühen und verblühen, Bäume wechseln die Farbe ihrer Blätter von hellem über ein dunkles Grün bis zum herbstlichen Gold-Rot. Vögel bauen ein Nest, legen Eier, aus denen Junge schlüpfen, die schon bald flügge werden. Die Natur sieht vor, dass alles in Bewegung ist, dass alles fließt, dass sich alles verändert. Das ist ihr Konzept. Wir Menschen müssen das akzeptieren, wenn wir unser Leben in eine Balance bringen möchten. Gäbe es keine Veränderung, gäbe es keine Geburt und keinen Tod. In dieser Spanne – und auch darüber hinaus – verändert sich alles. Wer das nicht anerkennen kann, kommt im Leben kaum zurecht. Es geht darum, innerhalb dieser naturgegebenen Umstände den besten Weg zu finden.

Veränderung fällt uns jedoch oft schwer. Wir können uns einfach nicht vorstellen, dass das, was wir noch nicht kennen, gut für uns ist. Ungewissheit macht uns Angst. Wir bleiben lieber in unserer Komfortzone und machen es uns dort gemütlich.

Kennen Sie die Geschichte der Zwillinge im Mutterleib? Ein Zwilling sagt zu dem anderen: »Glaubst du an ein Leben nach der Geburt?« »Nein«, antwortet der, »wie sollen wir denn da draußen überleben? Die Nabelschnur ist doch viel zu kurz. Ich glaube, nach der Geburt ist Schluss. Was soll da noch kommen? Also lass uns die Zeit hier genießen. Sie geht viel zu schnell vorbei.«

Das Problem von uns Menschen ist, dass unsere Vorstellungskraft sehr eingeschränkt ist. Sie setzt ihre Bilder nur aus dem zusammen, was wir erlebt, gesehen oder gehört haben. Sie kennt nicht alle Optionen, die es gibt. Visionären gelingt es, einen Schritt weiter zu gehen. Sie sind davon überzeugt, dass der Mensch ins All fliegen kann, Ärzte Herzen verpflanzen und querschnittsgelähmte Menschen irgendwann wieder gehen können. Sie sprengen die Grenzen des Denkens und der Vorstellungskraft und machen Dinge möglich, die gestern noch undenkbar waren. Ob Sie nun den Physiker Albert Einstein, Thomas Edison, den Erfinder der Glühbirne, Microsoft-Gründer Bill Gates oder Henry Dunant, den Begründer des Roten Kreuzes, nehmen: All diese Persönlichkeiten haben sich nicht mit dem arrangiert, was ist, sondern gefragt: »Was wäre wenn ...?«

Nun sind die meisten von uns nicht imstande, eine bahnbrechende Erfindung zu machen oder eine Entwicklung voranzutreiben, die die Welt verändert. Ich meine aber, dass wir uns von den großen Visionären etwas ab-

schauen können: den Mut, über den Tellerrand hinauszu-
blicken und den Veränderungen, die im Laufe des Lebens
auf uns zukommen, eine Chance zu geben, statt uns zu
verweigern.

Was bedeutet Veränderung für mich persönlich? Auf der
einen Seite bin ich neugierig auf das, was kommt, auf
der anderen Seite sehe ich gern gewisse Dinge »unverändert«, weil ich Stabilität und Kontinuität schätze.

Meine eigene größte Veränderung erlebte ich, als unsere Familie aus Rumänien nach Deutschland kam. Von
einer Stunde auf die andere war alles anders. Man konnte
wählen, nicht nur zwischen verschiedenen Parteien und
unterschiedlichen Meinungen, sondern auch zwischen
verschiedenen Berufen, zwischen Wohnungen, Urlaubs-
zielen und Freizeitbeschäftigungen. Man lebte plötzlich
selbstbestimmt. Das kannten wir so bislang nicht.

Wie geht man damit um? Wir mussten beobachten,
reflektieren und lernen, meine Eltern genauso wie ich.
Anfangs war ich überfordert und wusste gar nicht mehr,
was ich eigentlich will. Wer eine krasse Veränderung erfährt, muss neue Ziele für sich definieren, an denen er
sich ausrichten kann. Ich bin froh, dass mir das in meinem Leben einigermaßen gelungen ist.

Ziele sind wahnsinnig wichtig, denn sie rufen die
Energien ab, die uns zu persönlichen Höchstleitungen
führen. Zum Ziel gehört immer der feste Wille, das An-
gestrebte auch zu erreichen. Ein Ziel gibt den Kurs vor,
aber erst der Wille sorgt dafür, dass wir uns tatsächlich
in Bewegung setzen.

Das Ziel selbst ist wie der Horizont. Der Verlauf der Grenze zwischen Himmel und Erde hängt vom Standort des Betrachters ab. Du gehst darauf zu, und die Linie verschiebt sich. Genauso ist es bei den Zielen des Lebens. Sie verschieben sich, wenn man ihnen näher kommt. Ist ein Teilziel erreicht, strebt man das nächste an, ist ein großes Ziel erreicht, setzt man sich ein neues. Und so geht es immer weiter.

Ein neues Ziel muss eine Herausforderung beinhalten. Sonst tritt man auf der Stelle, und das ist nicht die Idee der Schöpfung. Leben ist Wachsen und Entwicklung. Aber das läuft nicht von selbst. Disziplin und Durchhaltevermögen sind gefragt sowie die richtige Einstellung.

Ich merke das bei meinen Liegestützen. Das klingt bescheuert, aber es ist so: Wenn ich mir vornehme, 50 Liegestütze zu machen, dann weiß ich, dass das eine gewisse Anstrengung bedeutet. Wenn ich mir aber bei der 20. vor Augen halte, dass ich noch 30 vor mir habe, wird das richtig mühsam. Wenn ich mir hingegen sage, das klappt doch wunderbar, dann fühlt es sich auch so an, und es geht viel besser.

Über das Ergebnis entscheidet also auch die innere Einstellung. Egal, ob du sagst: »Ich schaffe das« oder »Ich schaffe es nicht«: Du hast immer recht. Das ist Autosuggestion. Derjenige, der ohne Sauerstoff auf den Mount Everest gegangen ist und gesagt hat: »Das wird funktionieren«, wäre gescheitert, wenn er von vornherein gezweifelt und gedacht hätte: Das ist nicht zu schaffen.

Ich habe aktive Sportler kennengelernt, die bei einem Unfall ein Bein verloren haben. Manche von ihnen haben einige Jahre später mit einer Prothese wieder an Wettbewerben teilgenommen. Das ist doch der absolute Hammer! Was passiert da im Kopf, und mit welcher Einstellung geht jemand hin und sagt: »Ich mache das. Ich krieg das hin!« Daran sieht man, dass es der Wille ist, der Berge versetzen kann. Ich habe den allergrößten Respekt davor.

Kürzlich las ich einen schönen Satz, der mir in diesem Zusammenhang wieder einfällt: »Wem nichts zu viel ist, dem gelingt alles.«

Menschen, die sich keine Ziele setzen, laufen Gefahr zu verkümmern. Zuerst gibt man das Ziel auf und dann sich selbst. Ich wäre jedenfalls noch faltiger, noch grauer und noch älter, wenn ich kein wirkliches Ziel hätte.

Ein Leben ohne Ziele ist wie ein Boot ohne Steuermann. Es treibt mal hierhin und mal dorthin. Man lässt zu, dass Kräfte von außen einwirken und den Kurs bestimmen. Und das geht aus meiner Sicht gar nicht! Was immer passiert, man darf nie die Verantwortung für sein Leben auf- oder abgeben. Man muss der Kapitän auf dem Schiff seines Lebens bleiben! Auch wenn man mal vom Kurs abkommt, sollte man niemals resignieren, sondern alles daransetzen, die Richtung zu korrigieren.

Es nutzt nämlich nichts, auf den Rest der Welt zu schimpfen und dabei die Hände in den Schoß zu legen oder in Träume zu flüchten. Dadurch ändert sich gar nichts. Ich habe in meinem bisherigen Leben viele Stehaufmännchen kennengelernt. Mein Freund Udo Lindenberg ist dafür ein ganz herausragendes Beispiel. Er war durch seine Liaison mit »Lady Whiskey« ziemlich weit unten, wie er selbst erzählt, und jetzt ist er mit 75 Jahren wieder ganz oben. Das zeigt: Es ist nie zu spät, um die Kurve zu kriegen.

Letztens sagte ein Journalist zu mir: »Sie haben ja überhaupt keine Flops hingelegt«, und ich antwortete: »Doch, viele, ich habe sie nur gut versteckt.« Einige haben Sie ja in diesem Buch kennengelernt, wie den Ökoladen in Pollença und unsere Auftritte im Vorprogramm der Rolling Stones.

Mein Rat ist: Wenn Sie eine Niederlage einstecken müssen, hadern Sie nicht damit, sondern nutzen Sie die Lerneffekte. Denn aus Niederlagen lernen wir mehr als aus Erfolgen. Die Welt braucht Leute, die sich nicht entmutigen lassen.

Was wäre aus seinen ehrgeizigen Plänen geworden, wenn Gottlieb Daimler den Kopf in den Sand gesteckt hätte, nachdem sein erstes Automobil kläglich versagte?

Vielleicht erinnern Sie sich noch an das Jahr 1997. Die A-Klasse von Mercedes landete beim Elchtest auf dem Dach. Der Hersteller stoppte die Auslieferung und trat die Flucht nach vorn an mit dem Werbeslogan: »Stark ist, wer keine Fehler macht. Noch stärker, wer aus ihnen lernt.«

Das Leben besteht nun mal auch aus Risiken, aus Aufbrüchen und Sprüngen mit ungewissem Ausgang. Wenn wir vor 10 000 oder 20 000 Zuschauern auf einer Bühne stehen, kann es durchaus auch heute noch passieren, dass meine Knie zittern. Doch wie sagt mein Freund Tony Carey immer: »We are not here to lose.« (»Wir sind nicht hier, um zu verlieren.«) Die Angst vor dem Scheitern ist keine akzeptable Ausrede, um zuhause zu bleiben und sich hinter dem Ofen zu verkriechen. Dazu ist die Zeit zu wertvoll und das Leben zu spannend.

Der umtriebige Modeschöpfer Karl Lagerfeld meinte: »Ich habe immer etwas zu tun. Und je mehr ich mache, desto mehr Ideen habe ich.« Das geht mir manchmal auch so.

Wenn ich heute in meine alte Heimat Siebenbürgen zurückkehre, die Luft rieche, den Regen spüre und den Staub auf den Straßen, auf denen hier und da noch immer Pferdefuhrwerke fahren, dann empfinde ich deutlicher als anderenorts, welch gewaltiger Trip mein Leben bisher war. Ich sehe mich dann als kleinen Jungen in unserer bescheidenen Dachwohnung vor dem Aquarium sitzen, das so bunt und lebendig war. Damals träumte ich mich weg in die Ferne, und ich wusste noch nicht, wie viele Wege ich würde gehen müssen, um anzukommen.

Denn nicht immer führt der kürzeste Weg zum Ziel. Ich habe schon oft in meinem Leben Kompromisse schließen müssen, um weiterzukommen. Es ist wichtig, dass man lernt, auch mit Menschen klarzukommen, die man weniger mag, und mit ihnen an einem Strang zieht, wenn die Situation es erfordert.

Was treibt mich an? Ich habe in meinem Leben viel Glück gehabt. Für mich resultiert daraus eine Verantwortung, mich einzubringen und der Gemeinschaft etwas zurückzugeben. Ich finde, jeder sollte die Zeit und die Möglichkeiten, die er hat, nutzen. Wir leben glücklicherweise in einer Welt, die uns sehr viele Optionen bietet. So viel Freiheit war nie. Davon wagten die Generationen vor uns nicht einmal zu träumen.

Ich suche die Herausforderung und verabscheue Langeweile. Ich möchte ins eiskalte Wasser springen, denn dann spüre ich mich. Ich brauche eine kreative Unruhe. Ohne positiven Stress macht mir das Leben keinen Spaß. Und ohne Liebe und Zuneigung macht das Leben keinen Sinn. Ohne Liebe ist man wie eine leere Hülle. Die Liebe ist nach wie vor der Antrieb, das Leben zu genießen und sich des Lebens zu erfreuen. Doch Liebe ist keine Selbstverständlichkeit. Es ist ein riesiges Geschenk, wenn man Liebe erfahren darf, wenn man geliebt wird. Und wenn man dann noch selbst Liebe schenken kann und will, dann ist das Leben wirklich lebenswert.

Ich lese zuweilen im Flugzeug Zeitschriften, die sich an Manager und Führungskräfte richten. Da gibt es manchmal Tipps, wie man sich nach einem anstrengenden Tag am besten entspannt, warum kleine Unterbrechungen der Arbeit wichtig sind und wie man sie gestalten soll. Es wird empfohlen, den Schreibtisch zu verlassen und sich an der frischen Luft zu bewegen. Wer seinen inneren Schweinehund nicht überwinden kann, dem wird der Download einer Pausen-App angeraten.

Meine Anwendungssoftware heißt »Gut Dietlhofen«. Und das Gut existiert nicht nur virtuell, sondern sogar real. Manchmal riecht es nach Frühlingserwachen, manchmal nach Pferdemist. Manchmal ist es dort kalt und manchmal heiß, zuweilen regnerisch und im Winter gelegentlich auch tief verschneit. Hier gibt es Bewegung und frische Luft im Überfluss.

Vor einigen Jahren hätte ich noch gesagt, Heimat ist da, wo ich selbstbestimmt leben und mich verwirklichen kann. Das hätte Kanada sein können, Mallorca oder irgendein Land, in dem ich auf die Bedingungen dafür treffe.

Heute stelle ich fest, dass die Gegend vom Starnberger See bis Oberbayern mir so vertraut ist, dass ich spüre: Ich bin ein Teil davon geworden.

Als ich jung war, fuhr ich, um etwas zu erleben, bis ans Ende der Welt. Heute machen wir unsere Familienausflüge hier im Voralpenland, und ich stelle fest, es ist nicht weniger gut. Das Abenteuer beginnt vor der Haustür. Ich freue mich über die wunderschöne Landschaft, die noch weitgehend intakte Natur, über die Freundlichkeit und Bodenständigkeit der Menschen und darüber, dass ich hier zuhause sein darf. Ich möchte die Dinge, die ich hier angefangen habe, fertigstellen und mich gemeinsam mit anderen Menschen daran erfreuen. Ich habe mich leidenschaftlich eingebracht, wir haben Häuser gebaut oder umgebaut, Räume geschaffen und Bäume gepflanzt. Ich möchte das alles jetzt viel mehr genießen, als mir das bisher möglich war. Ich möchte spüren, wie sich das Leben hier anfühlt, wenn der Frühnebel auf dem Dietlhofer See liegt oder wenn abends die Sonne untergeht. Ich bin angekommen und möchte bleiben.

Aus meiner Sicht ist das Leben ein Kreis. Im Song »So schließt sich der Kreis« von unserem Jubiläumsalbum *Jetzt!* heißt es: »Nein, ich hab mich nie verbogen, das ist alles, was ich weiß. Und ich laufe grade weiter. Denn so schließt sich für mich der Kreis.« Das klingt zunächst widersinnig, geradeaus zu gehen, damit sich ein Kreis schließt. Aber es ist eine Analogie zu »Der Weg ist das

Ziel«, eine andere Formulierung desselben Inhalts. Der Trip beginnt stets wieder aufs Neue. Und immer geht es dabei darum, seinen eigenen Weg zu finden. In einer alten Lebensweisheit der Indianer heißt es: »Suche nach dir selbst, für dich selbst und durch dich selbst. Erlaube nicht, dass andere deinen Weg festlegen. Es ist dein Weg und deiner allein. Andere mögen dich eine Weile begleiten. Aber niemand kann ihn für dich gehen.« Das impliziert die große Freiheit, dass jeder die Schicksalsfragen seines Lebens selbst beantworten darf, ohne sich von der Meinung anderer, von Klischees oder von überholten gesellschaftlichen Konventionen beeinflussen zu lassen. Es bedeutet aber zugleich, dass wir auch nicht die Schuld beim anderen suchen, wenn etwas schiefgeht, auch nicht bei der Gesellschaft oder den vielzitierten »Umständen«. Freiheit und Verantwortung sind aus meiner Sicht untrennbar miteinander verbunden.

Gemessen an den rund 4,5 Milliarden Jahren, die unser Planet schon auf dem Buckel hat, ist unsere Existenz ohnehin nicht mehr als ein Wimpernschlag. Wir können Sport treiben, uns gesund ernähren, vorsichtig Auto oder Motorrad fahren, medizinische Vorsorge betreiben und positive Gedanken hegen. Das alles kann im Idealfall unser Leben ein bisschen verlängern. Entscheiden tun wir das allerdings nicht. Das Spiel unseres Lebens pfeift ein anderer ab. Wir alle unterliegen ein und demselben Schicksal. Nämlich zu gehen, wenn es so weit ist.

Vor 20 Jahren hat mich ein derartiger Gedanke ans Alter überhaupt nicht berührt, heute beschäftigt mich das schon. Das führt zu einer Art positivem Aktionismus.

Ich bekomme meinen Popo immer noch recht zügig von links nach rechts und darf auf der Bühne noch den wilden Mann spielen. Dafür bin ich dankbar.

Ich bin nun 71 Jahre alt und nicht nur glücklich, sondern sogar zufrieden. Glücklich sein ist eine Wahrnehmung des Augenblicks, aber wenn man glücklich *und* zufrieden ist, geht das in eine Konstante über, und die ist wichtig. Glück sind die kleinen Höhepunkte des Lebens. Es ist wunderschön, wenn man das erleben darf, aber noch besser sind Harmonie und Ausgewogenheit. Dadurch entstehen innere Ruhe und eine konstante Zufriedenheit.

Mein Vater hat mir ins Gewissen geredet: »Geh mit deiner Zeit gut um. Diese Ressource erneuert sich nicht. Was weg ist, ist weg.« Mein Vater ist ein kluger und mutiger Mann. Er hat in jungen Jahren dem kommunistischen Unrechtsregime in Rumänien getrotzt, Inhaftierungen und Gewalt ertragen müssen und schließlich für seine Familie ein neues, sicheres Zuhause in Freiheit geschaffen. Das ist eine enorme Leistung. Er hat verdammt viel erreicht, und ich bin sehr stolz auf ihn. Er ist übrigens ein reicher Mann, nämlich reich an Lebensjahren. Mit über 90 noch verhältnismäßig fit zu sein, das ist wahrer Reichtum! Es wäre schön, wenn mir das auch vergönnt wäre.

Was habe ich noch vor? Leben! Ich will leben! Mit meiner Familie und meinen Freunden.

Es gibt noch so viel zu tun.